建筑工人（装饰装修）技能培训教程

幕墙制作工

本书编委会　编

中国建筑工业出版社

图书在版编目（CIP）数据

幕墙制作工/《幕墙制作工》编委会编. —北京：中国建筑工业出版社，2017.4
建筑工人（装饰装修）技能培训教程
ISBN 978-7-112-20432-8

Ⅰ.①幕… Ⅱ.①幕… Ⅲ.①幕墙-室外装饰-工程施工-技术培训-教材 Ⅳ.①TU767.5

中国版本图书馆CIP数据核字（2017）第037141号

建筑工人（装饰装修）技能培训教程

幕墙制作工

本书编委会　编

*

中国建筑工业出版社出版、发行（北京海淀三里河路9号）

各地新华书店、建筑书店经销

霸州市顺浩图文科技发展有限公司制版

北京建筑工业印刷厂印刷

*

开本：850×1168毫米　1/32　印张：4⅞　字数：129千字

2017年6月第一版　2017年6月第一次印刷

定价：**14.00**元

ISBN 978-7-112-20432-8

（29945）

本书包括：幕墙加工制作基础、铝合金型材加工制作、钢构件加工制作、玻璃面板加工制作、石板加工制作、金属板加工制作、人造板材面板加工制作、幕墙组件制作等八章内容。

本书依据现行国家标准、行业规范的规定，体现新材料、新设备、新工艺和新技术的推广需求，突出了实用性，重在使读者快速掌握应知、应会的施工技术和技能，可施工现场查阅；也可作为各级职业鉴定培训、工程建设施工企业技术培训、下岗职工再就业和农民工岗位培训的理想教材，亦可作为技工学校、职业高中、各种短训班的专业读本。

本书可供幕墙制作工现场查阅或上岗培训使用，也可作为现场编制施工组织设计和施工技术交底的蓝本，为工程设计及生产技术管理人员提供帮助，也可以作为大专院校相关专业师生的参考读物。

责任编辑：郦锁林　张　磊
责任设计：李志立
责任校对：李美娜　李欣慰

本书编委会

前　言

随着社会的发展、科技的进步、人员构成的变化、产业结构的调整以及社会分工的细化，工程建设新技术、新工艺、新材料、新设备，不断应用于实际工程中，我国先后对建筑材料、建筑结构设计、建筑施工技术、建筑施工质量验收等标准进行了全面的修订，并陆续颁布实施。

在改革开放的新阶段，国家倡导“城镇化”的进程方兴未艾，大批的新生力量不断加入工程建设领域。目前，我国建筑业从业人员多达4100万，其中有素质、有技能的操作人员比例很低，为了全面提高技术工人的职业能力，完善自身知识结构，熟练掌握新技能，适应新形势、解决新问题，2016年10月1日实施的行业标准《建筑装饰装修职业技能标准》JGJ/T 315—2016对幕墙制作工的职业技能提出了新的目标、新的要求。

了解、熟悉和掌握施工材料、机具设备、施工工艺、质量标准、绿色施工以及安全生产技术，成为从业人员上岗培训或自主学习的迫切需求。活跃在施工现场一线的技术工人，有干劲、有热情、缺知识、缺技能，其专业素质、岗位技能水平的高低，直接影响工程项目的质量、工期、成本、安全等各个环节，为了使幕墙制作工能在短时间内学到并掌握所需的岗位技能，我们组织编写了本书。

限于学识和实践经验，加之时间仓促，书中如有疏漏、不妥之处，恳请读者批评指正。

目　录

1　幕墙加工制作基础 ………………………………………… 1
1.1　建筑幕墙分类及代号 ………………………………… 1
1.2　建筑幕墙标记方法及标记示例 ……………………… 4
1.3　加工制作常用符号及图例 …………………………… 4
1.3.1　常用建筑材料图例 ………………………………… 4
1.3.2　常用标注尺寸的符号及缩写词…………………… 8
1.3.3　常用型钢的标注方法 ……………………………… 9
1.3.4　表面粗糙度的符号及意义 ………………………… 11
1.3.5　常见孔的尺寸注法 ………………………………… 11
1.3.6　螺栓、孔、电焊铆钉的表示方法 ………………… 11
1.3.7　形位公差项目的规定符号与形位公差标注方法 ……… 11
1.4　建筑幕墙加工制作基本要求………………………… 17
1.4.1　一般规定 …………………………………………… 17
1.4.2　清洁要求 …………………………………………… 18
1.4.3　幕墙构件检验 ……………………………………… 18
1.4.4　包装、储存、运输 ………………………………… 18
2　铝合金型材加工制作………………………………………… 20
2.1　材料要求……………………………………………… 20
2.2　加工要求……………………………………………… 22
2.2.1　铝合金构件的加工 ………………………………… 22
2.2.2　铝合金构件中槽、豁、榫的加工 ………………… 23
2.2.3　铝合金构件弯加工 ………………………………… 25
2.3　构件加工制作………………………………………… 25
2.3.1　一般规定 …………………………………………… 25
2.3.2　放样和号料 ………………………………………… 26

2.3.3 切割下料 …… 27
2.3.4 制孔 …… 30
2.3.5 螺栓球和毂加工 …… 34
2.3.6 组装 …… 35
3 钢构件加工制作 …… 38
3.1 材料要求 …… 38
3.2 加工制作要求 …… 40
3.3 钢构件加工 …… 43
3.3.1 放样和号料 …… 43
3.3.2 切割下料 …… 45
3.3.3 矫正和成型 …… 50
3.3.4 边缘加工 …… 51
3.3.5 制孔 …… 52
3.3.6 预埋件加工 …… 53
3.3.7 连接件、支承件加工 …… 54
3.3.8 幕墙支承钢结构加工 …… 56
3.4 钢构件焊接 …… 56
3.4.1 手工电弧焊的原理、特点及应用 …… 57
3.4.2 手弧焊所用工具、设备及电焊条 …… 57
3.4.3 焊缝的接头形式 …… 57
3.4.4 手弧焊工艺参数 …… 58
3.4.5 电焊机的接线 …… 59
3.4.6 手弧焊的操作方法 …… 60
3.4.7 焊接工艺安全技术 …… 62
3.5 钢构件防腐涂装 …… 62
3.5.1 一般规定 …… 62
3.5.2 钢材表面处理 …… 64
3.5.3 涂装施工 …… 65
3.5.4 金属热喷涂施工 …… 66
3.5.5 安全和环境保护 …… 67

4 玻璃面板加工制作……………………………………………………… 69
4.1 材料要求……………………………………………………………… 69
4.2 加工要求……………………………………………………………… 70
4.3 玻璃面板加工………………………………………………………… 73
5 石板加工制作…………………………………………………………… 75
5.1 材料要求……………………………………………………………… 75
5.2 加工要求……………………………………………………………… 76
5.3 石材加工……………………………………………………………… 80
5.3.1 石材钻孔 ……………………………………………………… 80
5.3.2 短槽、通槽连接的石材加工 ………………………………… 81
5.3.3 钢销式安装的石板加工……………………………………… 81
5.3.4 背栓连接式石板加工操作 …………………………………… 82
5.3.5 石材组拼加工 ………………………………………………… 83
5.3.6 石材的防护 …………………………………………………… 83
5.3.7 石材的修补 …………………………………………………… 85
5.3.8 单元石板幕墙的加工组装 …………………………………… 85
5.3.9 编号检查、存放 ……………………………………………… 86
6 金属板加工制作………………………………………………………… 87
6.1 材料要求……………………………………………………………… 87
6.2 加工要求……………………………………………………………… 89
6.3 铝合金面板制作……………………………………………………… 91
6.3.1 一般规定 ……………………………………………………… 91
6.3.2 铝单板下料操作 ……………………………………………… 91
6.3.3 铝单板切角操作 ……………………………………………… 93
6.3.4 铝单板折弯操作 ……………………………………………… 94
6.3.5 铝单板冲角码孔……………………………………………… 97
6.3.6 铝单板角码安装……………………………………………… 97
6.3.7 铝单板与副框、加强筋的固定……………………………… 100
6.3.8 铝单板组装操作……………………………………………… 101
6.4 铝塑复合板的加工制作 …………………………………………… 102

6.4.1 一般规定 …… 102
6.4.2 裁切 …… 103
6.4.3 开槽 …… 103
6.4.4 折弯 …… 105
6.4.5 卷圆 …… 106
6.4.6 孔加工 …… 107
6.4.7 组角 …… 108
6.4.8 面板组装 …… 108
7 人造板材面板加工制作 …… 109
7.1 材料要求 …… 109
7.2 加工要求 …… 110
7.3 瓷板加工 …… 111
7.3.1 一般规定 …… 111
7.3.2 瓷板槽口加工 …… 112
7.3.3 背栓孔的加工 …… 112
7.4 微晶玻璃板加工 …… 113
7.4.1 一般规定 …… 113
7.4.2 微晶玻璃板的加工质量 …… 114
7.4.3 微晶玻璃板开槽加工 …… 114
7.4.4 背栓连接的微晶玻璃板加工 …… 115
7.5 陶板加工 …… 115
7.5.1 一般规定 …… 115
7.5.2 陶板面板加工 …… 116
7.5.3 陶板的转角 …… 116
7.6 石材蜂窝复合板加工 …… 116
7.6.1 一般规定 …… 116
7.6.2 加工要点 …… 117
8 幕墙组件制作 …… 118
8.1 材料要求 …… 118
8.1.1 建筑密封材料 …… 118

8.1.2 硅酮结构密封胶 …… 119
8.1.3 五金件、紧固件 …… 120
8.1.4 其他材料 …… 121
8.2 明框玻璃幕墙组件制作 …… 121
8.3 隐框、半隐框玻璃幕墙组件的制作 …… 123
8.3.1 一般规定 …… 123
8.3.2 框架制作 …… 125
8.3.3 注胶准备 …… 125
8.3.4 表面清洗 …… 126
8.3.5 涂底漆、定位 …… 127
8.3.6 注胶 …… 128
8.3.7 清洗污渍与板块养护 …… 131
8.3.8 结构密封胶粘接性测试 …… 132
8.3.9 贮存 …… 135
8.4 单元式幕墙组件制作 …… 136
8.4.1 一般规定 …… 136
8.4.2 施工准备 …… 138
8.4.3 框架组装 …… 139
8.4.4 定位、安装覆面材料 …… 140
8.4.5 开启窗组装与安装 …… 141
8.4.6 其他 …… 142
参考文献 …… 143

1 幕墙加工制作基础

1.1 建筑幕墙分类及代号

建筑幕墙是由面板与支承结构体系（支承装置与支承结构）组成的、可相对主体结构有一定位移能力或自身有一定变形能力、不承担主体结构所受作用的建筑外围护墙。根据现行国家标准《建筑幕墙》GB/T 21086—2007 的规定，建筑幕墙分类和标记代号，见表 1-1。建筑幕墙面板支承形式、单元部件间接接口形式分类及标记代号，见表 1-2。

建筑幕墙分类和标记代号　　表 1-1

分类依据	分　类	代号	说　明
主要支承结构	构件式	GJ	现场在主体结构上安装立柱、横梁和各种面板的建筑幕墙
	单元式	DY	由各种面板与支承框架在工厂制成完整份额幕墙结构基本单位，直接安装在主体结构上的建筑幕墙
	点支承	DZ	由玻璃面板、点支承装置和支承结构构成的建筑幕墙
	全玻	QB	由玻璃面板和玻璃肋构成的建筑幕墙
	双层	SM	又称热通道幕墙、呼吸式幕墙、通风式幕墙、节能幕墙等。由内外两层立面构造组成，形成一个室内外之间的空气缓冲层

续表

分类依据	分类		代号	说明
密闭形式	封闭式		FB	板接缝密封
	开放式		KF	开缝式:板接缝部分或完全敞开,允许空气及少量水进入; 遮蔽式:使用金属、橡胶等材料遮盖住板接缝,没有气密性要求,但基本做到水密
面板材料	玻璃幕墙		BL	面板材料为玻璃的建筑幕墙
	金属板幕墙	单层铝板	DL	板材厚度范围:2~3mm; 表面处理:喷涂或辊涂氟碳漆
		铝塑复合板	SL	板总厚度:≥4mm; 表面处理:辊涂氟碳漆
		蜂窝铝板	FW	板厚度:10~25mm 表面处理:辊涂氟碳漆
		彩色涂层钢板	CG	
		搪瓷涂层钢板	TG	
		锌合金板	XB	
		不锈钢板	BG	
		铜合金板	TN	
		钛合金板	TB	
	石材幕墙		SC	面板材料为天然建筑石材的建筑幕墙
	人造板材幕墙	瓷板	CB	以瓷板(吸水率平均值≤0.5%干压陶瓷板)为面板的建筑幕墙
		陶板	TB	以陶板(吸水率平均值3%~6%,6%~10%挤压陶瓷板)为面板的建筑幕墙
		微晶玻璃	WJ	以微晶玻璃板(通体板材)为面板的建筑幕墙
	组合面板幕墙		ZH	

建筑幕墙面板支承形式、单元部件间接接口形式分类及标记代号 表 1-2

分类依据	分类		代号	说明
面板支承形式	构件式玻璃幕墙	隐框结构	YK	全隐:外面不可见立柱与横梁
		半隐框结构	BY	竖隐:外面可见横梁; 横隐:外面可见立柱
		明框结构	MK	非隔热型材:可见框架 隔热型材:可见框架
	点支承玻璃幕墙	钢结构	GG	
		索杆结构	RG	
		玻璃肋	BLL	
	全玻幕墙	落地式	LD	玻璃受托于下支架上
		吊挂式	DG	用吊挂装置悬吊起玻璃
	石材幕墙、人造板材幕墙	嵌入	QR	
		钢销	GX	
		短槽	DC	
		通槽	TC	
		勾托	GT	
		平挂	PG	
		穿透	CT	
		蝶式背卡	BK	
		背栓	BS	
单元部件间接口形式	单元式幕墙	插接型	CJ	单元部件之间组合采用带有密封胶条防水构造的对插连接
		对接型	DJ	单元部件之间组合采用带有对压密封胶条的对接连接
		连接型	LJ	单元部件之间组合采用同时镶嵌在各自接口构件上的密封胶条连接; 单元部件之间组合接口采用耐候密封胶密封粘接
通风方式	双层幕墙	外通风	WT	进、出通风口设在外层
		内通风	NT	进、出通风口设在内层

1.2 建筑幕墙标记方法及标记示例

1. 标记方法

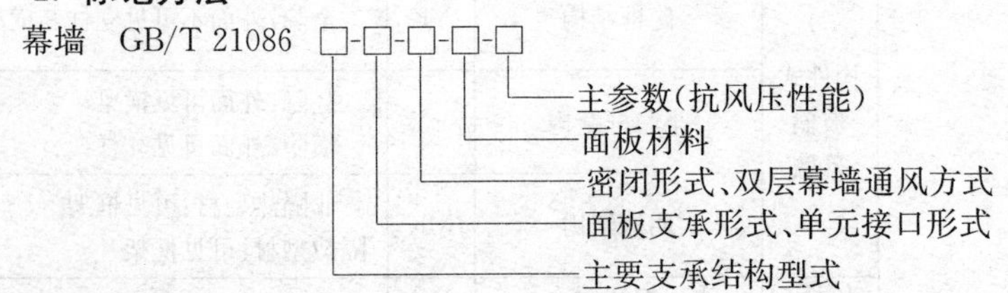

2. 标记示例

幕墙 GB/T 21086 GJ-YK-FB-BL-3.5（构件式-隐框-封闭-玻璃，抗风压性能 3.5kPa）

幕墙 GB/T 21086 GJ-BS-FB-SC-3.5（构件式-背栓-封闭-石材，抗风压性能 3.5kPa）

幕墙 GB/T 21086 GJ-YK-FB-DL-3.5（构件式-隐框-封闭-单层铝板，抗风压性能 3.5kPa）

幕墙 GB/T 21086 GJ-DC-FB-CB-3.5（构件式-短槽式-封闭-瓷板，抗风压性能 3.5kPa）

幕墙 GB/T 21086 DY-DJ-FB-TB-3.5（单元式-对接型-封闭-陶板，抗风压性能 3.5kPa）

幕墙 GB/T 21086 DZ-SG-FB-BL-3.5（点支式-索杆结构-封闭-玻璃，抗风压性能 3.5kPa）

幕墙 GB/T 21086 QB-LD-FB-BL-3.5（全玻-落地-封闭-玻璃，抗风压性能 3.5kPa）

幕墙 GB/T 21086 SM-MK-NT-BL-3.5（双层-明框-内通风-玻璃，抗风压性能 3.5kPa）

1.3 加工制作常用符号及图例

1.3.1 常用建筑材料图例

常用建筑材料图例，见表 1-3。

常用建筑材料及建筑装修材料图例　　表 1-3

序号	名称	图　例	备　注
1	自然土壤		包括各种自然土壤
2	夯实土壤		
3	砂、灰土	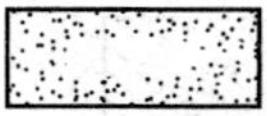	靠近轮廓线绘制较密的点
4	砂砾石、碎砖三合土	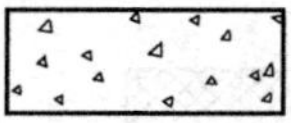	
5	石材	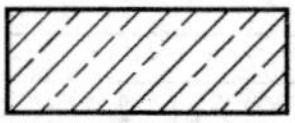	注明厚度
6	毛石	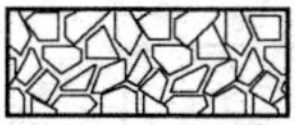	必要时注明石料块面大小及品种
7	普通砖	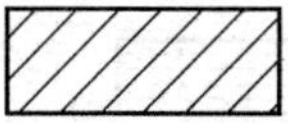	包括实心砖、多孔砖、砌块等砌体。断面较窄不易绘出图例线时，可涂红
8	轻质砌块砖	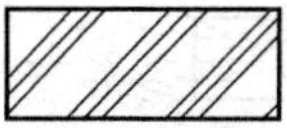	指非承重砖砌体
9	耐火砖	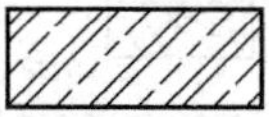	包括耐酸砖等砌体
10	轻钢龙骨板材隔墙	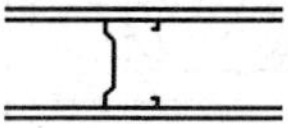	注明材料品种
11	空心砖		指非承重砖砌体
12	饰面砖	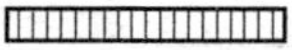	包括铺地砖、马赛克、陶瓷锦砖、人造大理石等
13	焦渣、矿渣	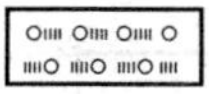	包括与水泥、石灰等混合而成的材料

续表

序号	名称	图　例	备　注
14	混凝土		1. 本图例指能承重的混凝土及钢筋混凝土； 2. 包括各种强度等级、骨料、添加剂的混凝土； 3. 在剖面图上画出钢筋时，不画图例线； 4. 断面图形较小，不易画出图例线时，可涂黑
15	钢筋混凝土		
16	多孔材料		包括水泥珍珠岩、沥青珍珠岩、泡沫混凝土、非承重加气混凝土、软木、蛭石制品等
17	纤维材料	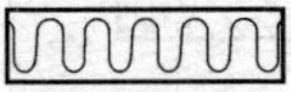	包括矿棉、岩棉、玻璃棉、麻丝、木丝板、纤维板等
18	泡沫塑料材料	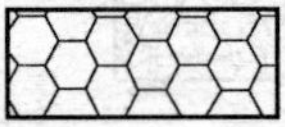	包括聚苯乙烯、聚乙烯、聚氨酯等聚合物类多孔材料
19	密度板	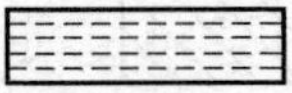	注明厚度
20	木材		表示垫木、木砖或木龙骨
			表示木材横断面
			表示木材纵断面
21	胶合板	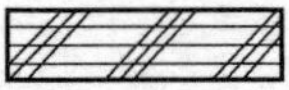	注明厚度或层数
22	多层板		注明厚度或层数
23	木工板	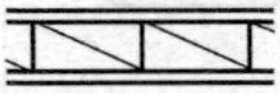	注明厚度
24	石膏板	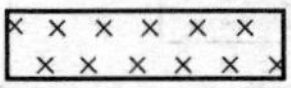	1. 注明厚度； 2. 注明石膏板品种名称

续表

序号	名称	图 例	备 注
25	金属		1. 包括各种金属，注明材料名称； 2. 图形较小时，可涂黑
26	液体	(平面)	注明具体液体名称
27	玻璃砖		注明厚度
28	普通玻璃	(立面)	注明材质、厚度
29	磨砂玻璃	(立面)	1. 注明材质、厚度； 2. 本图例采用较均匀的点
30	夹层(夹绢、夹纸)玻璃	(立面)	注明材质、厚度
31	镜面	(立面)	注明材质、厚度
32	橡胶		
33	塑料		包括各种软、硬塑料及有机玻璃等
34	地毯		注明种类

续表

序号	名称	图例	备注
35	防水材料	(小尺度比例) (大尺度比例)	注明材质、厚度
36	粉刷		本图例采用较稀的点
37	窗帘	(立面)	箭头所示为开启方向

注：序号 2、5、7、8、9、15、16、21、22、25、28、30、32、33 图例中的斜线、短斜线、交叉斜线等均为 45°。

1.3.2 常用标注尺寸的符号及缩写词

建常用标注尺寸的符号及缩写词，见表 1-4。

常用标注尺寸的符号及缩写词　　表 1-4

含义	符号或缩写词	含义	符号
直径	ϕ	深度	↧
半径	R	沉孔或锪平	⌴
球直径	$S\phi$	埋头孔	∨
厚度	t	弧长	⌒
均布	EQS	斜度	∠
45°倒角	C	锥度	◁
正方形	□	展开长	○→

1.3.3 常用型钢的标注方法

常用型钢的标注方法，见表 1-5。

常用型钢的标注方法　　表 1-5

序号	名　称	截　面	标　准	说　明
1	等边角钢	∟	∟ $b \times t$	b 为肢宽； t 为肢厚
2	不等边角钢	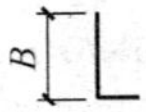 B ∟	∟ $B \times b \times t$	B 为长肢宽； b 为短肢宽； t 为肢厚
3	工字钢	I	I N　Q I N	轻型工字钢加注Q字
4	槽钢	[	[N　Q [N	轻型槽钢加注Q字
5	方钢	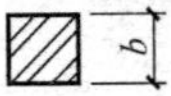 b	□ b	—
6	扁钢	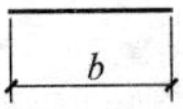 b	$-b \times t$	宽×厚
7	钢板	—	$-\frac{b \times t}{L}$	$\frac{宽 \times 厚}{板长}$
8	圆钢	○	ϕd	
9	钢管	○	$\phi d \times t$	d 为外径； t 为壁厚

续表

序号	名　　称	截　　面	标　　准	说　　明
10	薄壁方钢管		B $b \times t$	薄壁型钢加注B字； t 为壁厚
11	薄壁等肢角钢		B $b \times t$	
12	薄壁等肢卷边角钢	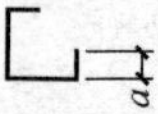 a	B $b \times a \times t$	
13	薄壁槽钢	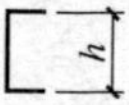 h	B  $h \times b \times t$	
14	薄壁卷边槽钢	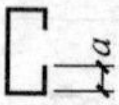 a	B $h \times b \times a \times t$	
15	薄壁卷边Z型钢	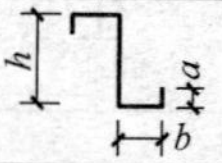 h a b	B  $h \times b \times a \times t$	
16	T型钢		TW×× TM×× TN××	TW为宽翼缘T型钢； TM为中翼缘T型钢； TN为窄翼缘T型钢
17	H型钢		HW×× HM×× HN××	HW为宽翼缘T型钢； HM为中翼缘T型钢； HN为窄翼缘T型钢
18	起重机钢轨		QU××	详细说明产品规格型号
19	轻轨及钢轨		××kg/m钢轨	

1.3.4　表面粗糙度的符号及意义

表面粗糙度的符号及意义，见表 1-6。

表面粗糙度的符号及意义　　表 1-6

符　号	意义及说明
√	基本符号,表示表面可用任何方法获得。当不加注粗糙度参数值或有关说明(如表面处理、局部热处理方法等)时,仅用于简化代号标注
	基本符号＋短划线,表示表面是用去除材料的方法获得,如车、钻、铣、刨、磨、剪切、抛光、腐蚀、电火花、气割等
	基本符号＋小圆圈,表示表面是用不去除材料的方法获得,如铸、锻、冲压变形、热轧、冷轧、粉末冶金等,或是用于保持原供应状况的表面(包括保持上道工序的状况)
	在上述三个符号的长边＋横线,用于标注有关参数和说明
	在上述三个符号上＋小圆圈,表示所有表面具有相同的表面粗糙度要求

1.3.5　常见孔的尺寸注法

常见孔的尺寸注法，见表 1-7。

1.3.6　螺栓、孔、电焊铆钉的表示方法

螺栓、孔、电焊铆钉的表示方法，见表 1-8。

1.3.7　形位公差项目的规定符号与形位公差标注方法

形位公差项目的规定符号，见表 1-9。形位公差标注方法，如图 1-1 所示。

常见孔的尺寸注法 表 1-7

类型	旁注法	普通注法	说明
一般光孔	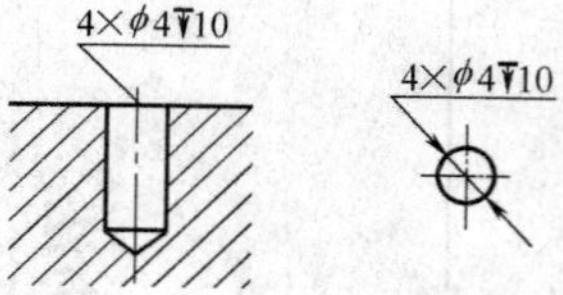 4×ϕ4▼10；4×ϕ4▼10	4×ϕ4；10	4×ϕ4 表示直径为 4mm、均匀分布的4个光孔。孔深可与孔径连注，也可分别注出
精加工光孔	4×ϕ4H7▼10 孔▼12；4×ϕ4H7▼10 孔▼12	4×ϕ4H7；10；12	4×ϕ4 表示直径为 4mm、均匀分布的4个光孔。孔深度为 10mm，精加工孔（铰孔）深度为 12mm
锥销光孔	锥销孔ϕ4 配作；锥销孔ϕ4 配作	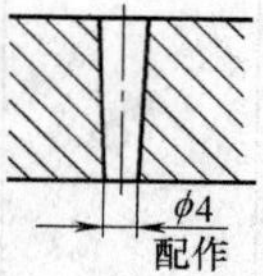 ϕ4 配作	ϕ4 为锥销孔的小端直径，锥销孔通常与其相邻零件的同位锥销孔一起配钻铰孔

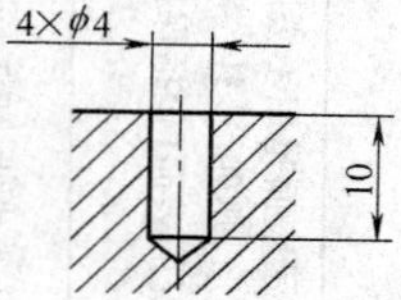

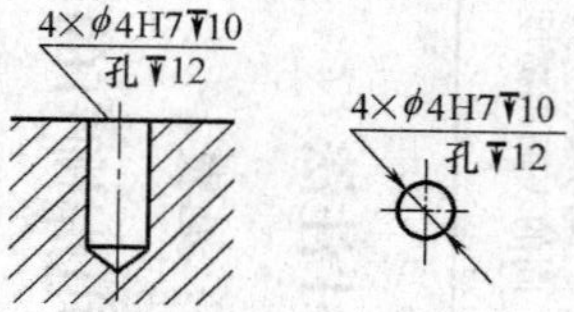

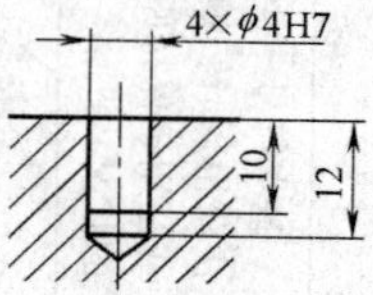

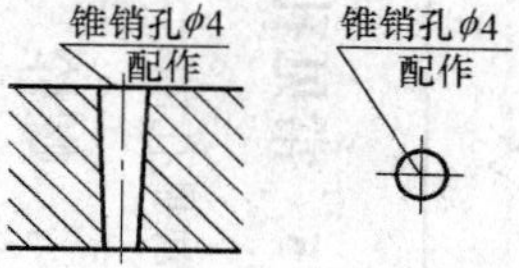

续表

类型	旁注法	普通注法	说明
通螺孔	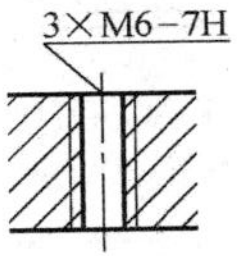 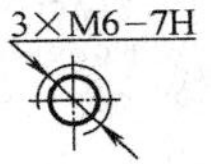 3×M6−7H 3×M6−7H	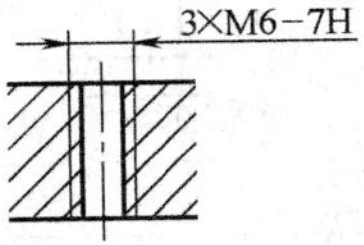 3×M6−7H	3×M6 表示公称直径为 6mm、均匀分布的 3 个螺孔
不通螺孔	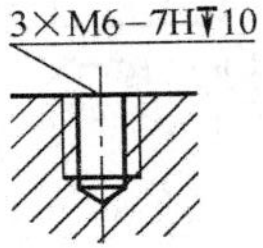 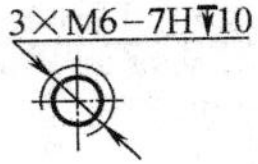 3×M6−7H▼10 3×M6−7H▼10	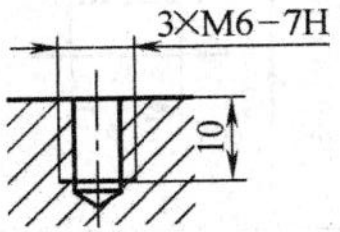 3×M6−7H 10	只注写螺孔深度时，可以与螺孔直径连注
不通螺孔	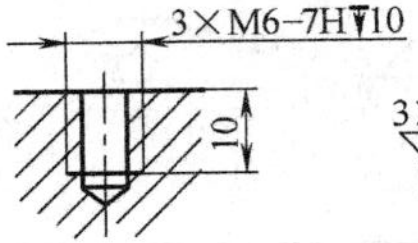 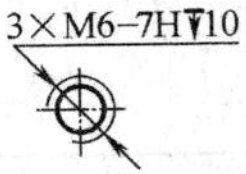 3×M6−7H▼10 10 3×M6−7H▼10	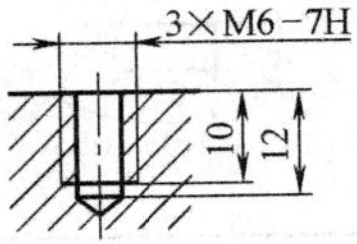 3×M6−7H 10 12	需注出光孔深度时，应分别注写出螺纹和钻孔的深度尺寸

续表

类型	旁注法	普通注法	说明
锥形沉孔	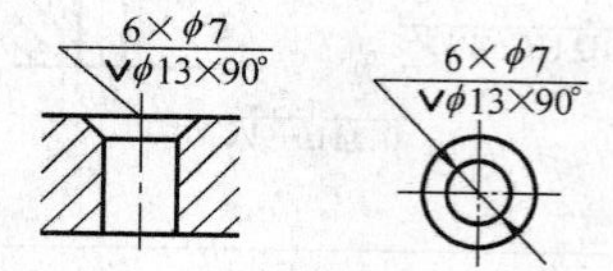 6× ϕ7 ∨ϕ13×90°；6× ϕ7 ∨ϕ13×90°	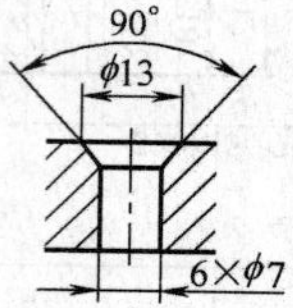 90° ϕ13 6×ϕ7	6×ϕ7 是直径为 7mm、均匀分布的 6 个孔，沉孔尺寸为锥形部分的尺寸
柱形沉孔	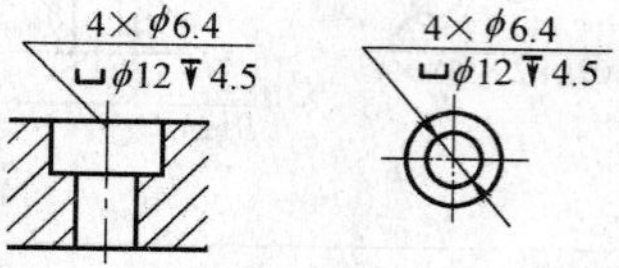 4× ϕ6.4 ⌴ϕ12 ↧4.5；4× ϕ6.4 ⌴ϕ12 ↧4.5	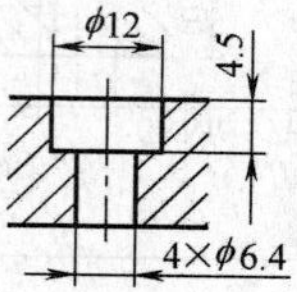 ϕ12 4.5 4×ϕ6.4	4×ϕ6. 4 为直径小的柱孔尺寸；沉孔 ϕ12 深为 4. 5mm，为直径大的柱孔尺寸
锪平沉孔	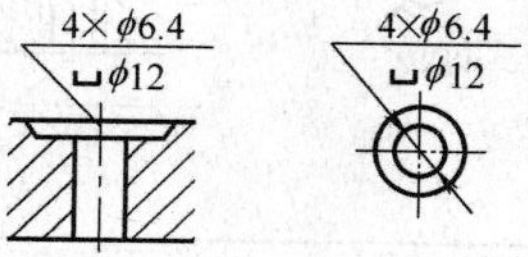 4× ϕ6.4 ⌴ϕ12；4×ϕ6.4 ⌴ϕ12	⌴ϕ20 4×ϕ9	4 × ϕ9 为直径小的柱形沉孔尺寸。锪平部分的深度不注写。一般锪平到不出现毛面为止

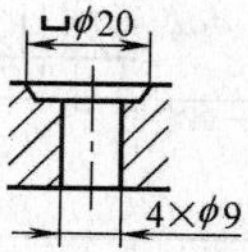

螺栓、孔、电焊铆钉的表示方法　　　　表 1-8

序号	名称	图例	说明
1	永久螺栓	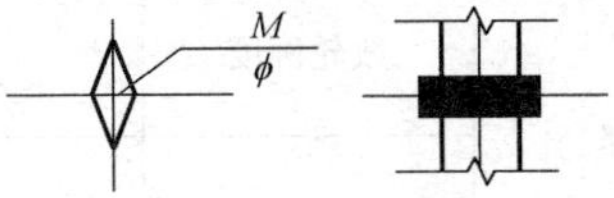 M / ϕ	1. 细“＋”线表示定位线； 2. M 表示螺栓型号； 3. ϕ 表示螺栓孔直径； 4. d 表示膨胀螺栓、电焊铆钉直径； 5. 采用引出线标准螺栓时，横线上标注螺栓规格，横线下标注螺栓孔直径
2	高强螺栓	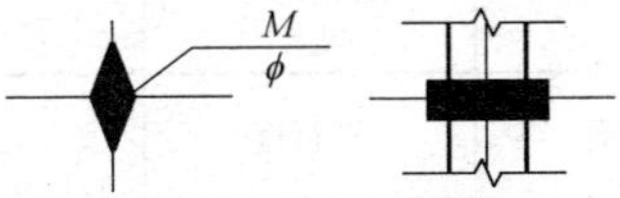 M / ϕ	
3	安装螺栓	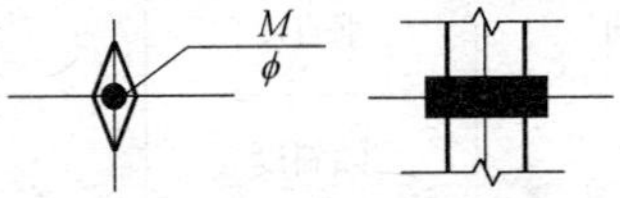 M / ϕ	
4	膨胀螺栓	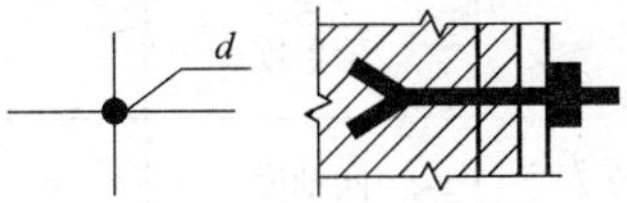 d	
5	圆形螺栓孔	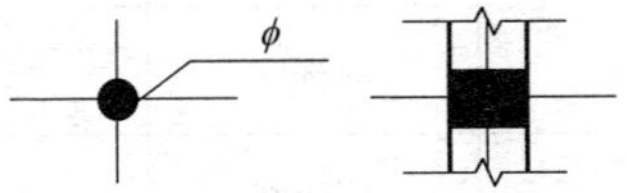 ϕ	
6	长圆形螺栓孔	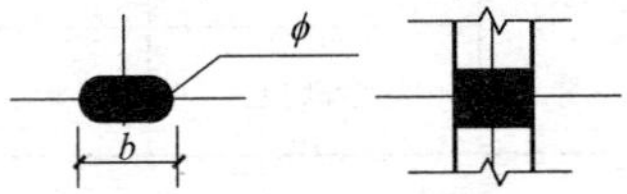 ϕ, b	
7	电焊铆钉	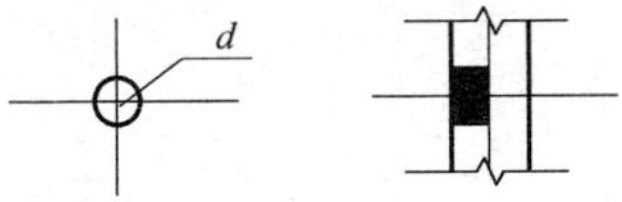 d	

形位公差项目的规定符号　　　　表 1-9

公差		特征项目	符号
形状公差	形状	直线度	—
		平面度	▱
		圆度	○
		圆柱度	⌭

续表

公差		特征项目	符号
形状公差或位置公差	轮廓	线轮廓度	⌒
		面轮廓度	⌓
位置公差	定向	平行度	//
		垂直度	⊥
		倾斜度	∠
	定位	位置度	⊕
		同轴度	◎
		对称度	⌯
	跳度	圆跳度	↗
		全跳度	⌰

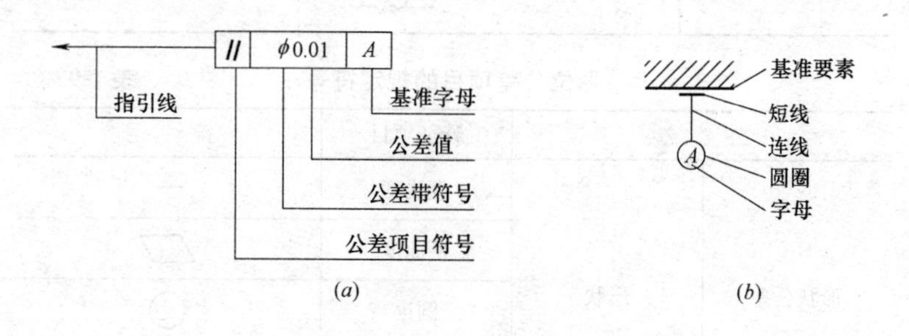

图 1-1　形位公差代号与基准代号

(*a*) 形位公差代号；(*b*) 基准代号

1.4 建筑幕墙加工制作基本要求

1.4.1 一般规定

（1）幕墙在加工制作前应与土建设计施工图进行核对，对已建主体结构进行复测，并应按实测结果对幕墙设计进行必要调整。

幕墙加工图应依据幕墙施工图进行设计，幕墙构件应根据幕墙加工图进行加工制作。

幕墙结构属于围护结构，在施工前对主体结构进行复测，当其误差超过幕墙设计图纸中的允许值时，一般应调整幕墙设计图纸，原则上不允许对原主体结构进行破坏性修整。

（2）加工幕墙构件所采用的设备、机具应满足幕墙构件加工精度和光洁度的要求，计量器具要按规定进行检测和计量认证，加工设备要精心保养，及时检修。

加工幕墙构件的设备、机具和量具，都应符合有关要求，并定期进行检查和计量认证，以保证加工产品的质量。如设备的加工精度、光洁度，量具的精度等，均应及时进行检查、维护和计量认证。

（3）幕墙所选用的材料应符合国家现行标准的有关规定。尚无相应标准的材料应符合设计要求，同时应有出厂合格证、质保书及必要的检验报告。

（4）构件加工、单元式幕墙的单元组件加工、隐框幕墙的装配组件加工均应在工厂的车间内进行，如有少量构件必须在现场加工，应在现场划出足够的场地，设置封闭的加工车间。

（5）构件加工前应认真核对加工图纸的具体尺寸和技术要求，如有疑问，应及时向设计师反映。

（6）专业化程度高的构件和面材，如玻璃、石材、铝单板和大型弯制加工件应由专业化公司加工制作。

1.4.2 清洁要求

（1）对板块及支撑处的清洁工作应按下列步骤进行：

1）把溶剂倒在一块干净布上，用该布将被粘物表面的尘埃、油渍、霜和其他脏物清除，然后用第二块干净布将表面擦干。

2）对板块槽口可用干净布包裹油灰刀进行清洗。

3）清洗后的构件，应在1h内进行密封，当再污染时，应重新清洗。

4）清洗下一个构件或板块时，应更换清洁的干布。

（2）清洁中使用溶剂时应符合下列要求：

1）不应将擦布放在溶剂里，应将溶剂倾倒在擦布上。

2）使用和贮存溶剂，应用干净的容器。

3）使用溶剂的场所严禁烟火。

4）应遵守所用溶剂标签上的注意事项。

1.4.3 幕墙构件检验

（1）幕墙加工制作应实行全过程质量控制，并保留检验和控制记录。

（2）幕墙材料的检验检测宜设置专门的检测部门，配备专业的人员和设备。

（3）产品在进行大面积加工制作前，应进行样板制作。

（4）质量控制应执行首样检验、过程检验和出厂检验。

（5）幕墙构件应按构件总数的5%进行随机抽样检查，且每种构件不得少于5件。有一个构件不符合要求时，应加倍抽查，复检合格后方可出厂。

（6）产品出厂时，应附有构件合格证书。

1.4.4 包装、储存、运输

（1）幕墙材料不宜露天存放。对存放环境有温度和湿度要求的材料，应有调温和调湿的措施。

（2）加工好的石材面板应立放于通风良好的仓库内，其与水平面夹角不应小于 85°。

（3）幕墙构件在运输过程中应采取相应的保护措施避免擦伤和碰伤。

（4）幕墙构件应使用无腐蚀作用的材料包装，且包装应满足装卸和运输的要求。

（5）运输过程中，应采用有足够承载力和刚度的专用货架，并采用可靠的措施保证幕墙构件与货架之间不会位移、摩擦、碰撞或挤压变形。

（6）幕墙构件在存储过程中不允许直接接触地面，应采用不透水的材料将部件底部垫高 100mm 以上，构件应放置在专用货架上，并采取防止构件变形、划伤、碰伤的支承防护措施。构件之间不得相互层叠存放，且应按生产和安装顺序编号并明确标识，不宜频繁起吊移位和翻转倾覆。

2 铝合金型材加工制作

建筑幕墙用铝合金型材可分为幕墙型材、门窗型材，铝合金型材的质量标准分为：普精级、高精级、超高精级。各种不同牌号、状态的铝合金型材其力学性能应符合国家标准的规定。

2.1 材料要求

（1）铝合金材料的牌号所对应的化学成分应符合现行国家标准《变形铝及铝合金化学成分》GB/T 3190 的有关规定，铝合金型材质量应符合现行国家标准《铝合金建筑型材》GB 5237 的有关规定，型材尺寸允许偏差应达到高精级或超高精级。

铝合金型材尺寸允许偏差有普通级、高精级和超高精级之分。幕墙属于比较高级的建筑产品，为保证其承载力、变形和耐久性要求，应采用高精级或超高精级的铝合金型材。

（2）铝合金型材采用阳极氧化、电泳涂漆、粉末喷涂、氟碳喷涂进行表面处理时，应符合国家现行标准《铝合金建筑型材》GB 5237 规定的质量要求，表面处理层的厚度应满足表 2-1 的要求。

（3）铝合金隔热型材质量应符合现行国家标准《铝合金建筑型材第 6 部分：隔热型材》GB 5237.6 的规定外，尚应符合现行行业标准《建筑用隔热铝合金型材》JG 175 的规定。

用穿条工艺生产的隔热铝合金型材，其隔热材料应符合国家现行标准《铝合金建筑型材用辅助材料　第 1 部分：聚酰胺隔热条》GB/T 23615.1 和《建筑用硬质塑料隔热条》JG/T 174 的规定。

用浇注工艺生产的隔热铝合金型材，其隔热材料应符合现行国家标准《铝合金建筑型材用辅助材料　第 2 部分：聚氨酯隔热胶材料》GB/T 23615.2 的规定。

铝合金型材表面处理层的厚度 **表 2-1**

表面处理方法		膜层级别（涂层种类）	厚度 t(μm)	
			平均膜厚	局部膜厚
阳极氧化		不低于 AA15	$t \geqslant 15$	$t \geqslant 12$
电泳涂漆	阳极氧化膜	A（有光或亚光透明漆）	—	$t \geqslant 9$
	漆膜		—	$t \geqslant 12$
	复合膜		—	$t \geqslant 21$
	阳极氧化膜	B（有光或亚光透明漆）	—	$t \geqslant 9$
	漆膜		—	$t \geqslant 7$
	复合膜		—	$t \geqslant 16$
	阳极氧化膜	S（有光或亚光有色漆）	—	$t \geqslant 6$
	漆膜		—	$t \geqslant 15$
	复合膜		—	$t \geqslant 21$
粉末喷涂		—	—	$t \geqslant 40$
氟碳喷涂		二涂	$t \geqslant 30$	$t \geqslant 25$
		三涂	$t \geqslant 40$	$t \geqslant 34$
		四涂	$t \geqslant 65$	$t \geqslant 55$

注：本表根据现行国家标准《铝合金建筑型材》GB 5237 系列规范整理。

（4）与幕墙配套用铝合金门窗应符合现行国家标准《铝合金门窗》GB/T 8478 的规定。

（5）百叶窗用铝合金带材应符合现行行业标准《百叶窗用铝合金带材》YS/T 621 的规定。

（6）铝合金材料的表面不应有皱纹、起皮、腐蚀斑点、气泡、电灼伤、流痕、发黏以及膜（涂）层脱落等缺陷存在；铝合金材料端边或断口处不应有缩尾、分层、夹渣等缺陷。

（7）铝合金材料进场检验时，应符合下列规定：

1）应按国家现行有关标准的规定，对下列情况进行材料抽样复验：

① 建筑结构安全等级为一级，铝合金主体结构中主要受力构件所采用的铝合金材料。

② 设计有复验要求的铝合金材料。

③ 对质量有疑义的铝合金材料。

2）铝合金材料应按批次进行检验，每批由同一生产单位、同一牌号、同一质量等级和同一交货状态的铝合金材料组成。

3）铝合金材料的力学性能和化学成分分析复验，试样、取样及试验方法，应符合现行国家标准《铝及铝合金化学分析方法》GB/T 20975（所有部分）、《铝及铝合金加工产品包装、标志、运输、贮存》GB/T 3199 及现行国家标准《铝合金建筑型材》GB 5237（所有部分）、《一般工业用铝及铝合金挤压型材》GB/T 6892、《变形铝及铝合金牌号表示方法》GB/T 16474 和《变形铝及铝合金状态代号》GB/T 16475 的规定。

(8) 铝合金材料的管理，应符合下列规定：

1）铝合金材料应分批并按规格型号分开，成垛堆放，妥善存储，底层要放置垫木、垫块；如果露天堆放，应把包装物拆除。

2）堆放的铝合金材料要有标签或颜色标记。

2.2 加工要求

2.2.1 铝合金构件的加工

(1) 铝合金型材截料之前应进行校直调整。这是由于运输、搬运等原因，幕墙铝合金构件在截料前应检查其弯曲度、扭拧度是否符合设计要求，超偏的需使用适当机械方法进行校直调整直到符合设计要求。

(2) 横梁长度允许偏差为±0.5mm，立柱长度允许偏差为±1.0mm，端头斜度的允许偏差为$-15'\sim0$，如图 2-1 所示。

(3) 截料端头不应有加工变形，并应去除毛刺。

(4) 孔位的允许偏差为±0.5mm，孔距的允许偏差为±0.5mm，累计偏差为±1.0mm。

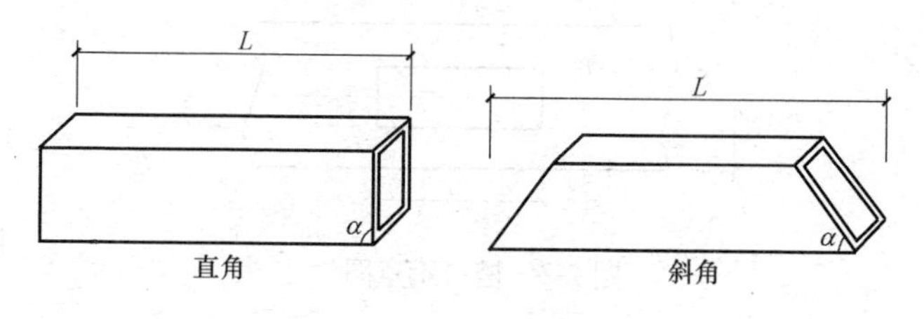

图 2-1　截料

L——长度；α——角度

（5）铆钉的通孔尺寸偏差应符合现行国家标准《紧固件　铆钉用通孔》GB/T 152.1 的规定。

（6）沉头螺钉的沉孔尺寸偏差应符合现行国家标准《紧固件　沉头用沉孔》GB/T 152.2 的规定。

（7）圆柱头、螺栓的沉孔尺寸应符合现行国家标准《紧固件　圆柱头用沉孔》GB/T 152.3 的规定。

（8）螺丝孔的加工应符合设计要求。

2.2.2　铝合金构件中槽、豁、榫的加工

槽口长度和宽度只允许正偏差不允许负偏差，以防出现装配受阻；中心离边部距离可以是正偏差或负偏差；豁口的长度、宽度只允许正偏差不允许负偏差；榫头的长度和宽度允许负偏差不允许正偏差。因为幕墙用型材的几何形状是热加工、冷加工或冲压成型，不是机械加工成型的，所以，配合尺寸难以十分准确地控制，只能控制主要方面，以便配合安装施工。幕墙铝合金构件中槽、豁、榫的加工应符合下列要求：

（1）铝合金构件槽口尺寸（图 2-2）允许偏差应符合表 2-2 的要求。

槽口尺寸允许偏差（mm）　　表 2-2

项目	a	b	c
允许偏差	+0.5 0.0	+0.5 0.0	±0.5

注：本表摘自现行行业标准《玻璃幕墙工程技术规范》JGJ 102—2003。

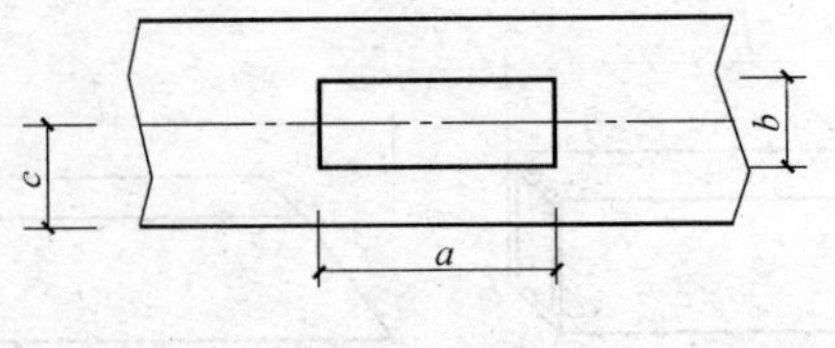

图 2-2　槽口示意图

（2）铝合金构件豁口尺寸（图 2-3）允许偏差应符合表 2-3的要求。

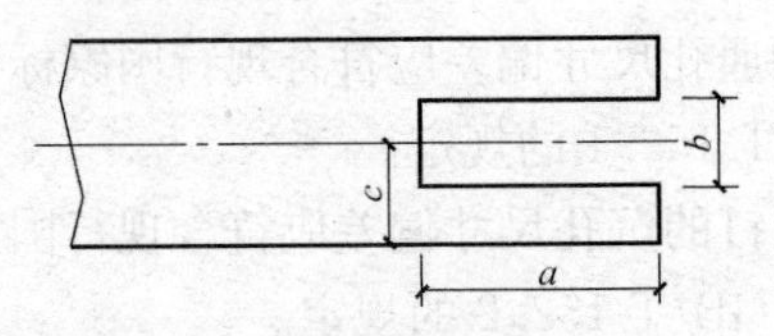

图 2-3　豁口示意图

豁口尺寸允许偏差（mm）　　表 2-3

项目	*a*	*b*	*c*
允许偏差	+0.5 0.0	+0.5 0.0	±0.5

注：本表摘自现行行业标准《玻璃幕墙工程技术规范》JGJ 102—2003。

（3）铝合金构件榫头尺寸（图 2-4）允许偏差应符合表 2-4的要求。

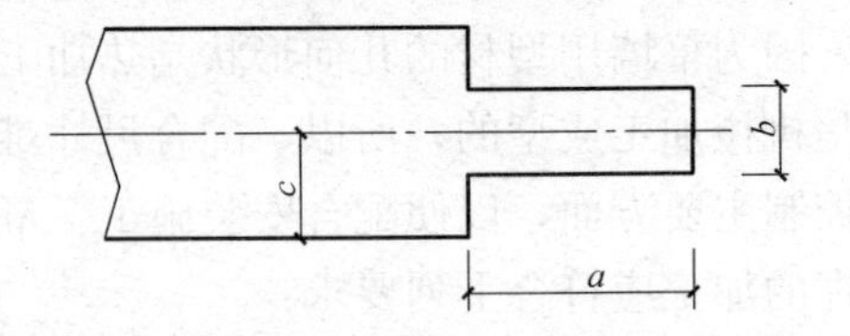

图 2-4　榫头示意图

榫头尺寸允许偏差（mm）　　表 2-4

项目	*a*	*b*	*c*
允许偏差	0.0 −0.5	0.0 −0.5	±0.5

注：本表摘自现行行业标准《玻璃幕墙工程技术规范》JGJ 102—2003。

2.2.3 铝合金构件弯加工

（1）铝合金构件宜采用拉弯设备进行弯加工。

（2）弯加工后的构件表面应光滑，不得有皱折、凹凸、裂纹。

2.3 构件加工制作

2.3.1 一般规定

（1）铝合金构件下料前应进行优化计算，做到材尽其用。

（2）批量大的构件应制作靠模进行加工，批量小的构件可采用划线加工。划线前应确认基准面。遇到分左右的杆件，划线时应对称放置，采用同一基准划线。多孔位的杆件，应用累计尺寸划线，避免积累误差。划线结束后应进行自检，防止发生划线错误。

（3）铝合金构件钻、铣加工前，应检查钻床、铣床状态是否良好，遵守相关设备的操作要求；装夹工件、刀夹具时必须牢固可靠，不能有松动现象；调整好钻、铣速度，先进行首件试制，确认完全合格后，再进行批量加工。

（4）铝合金型材加工工作台应经常保持清洁，防止铝屑在加工过程中划伤铝合金构件表面。

（5）型材每加工完 1 件（或几件/刀）后，要及时、彻底将设备工作台面的铝屑、型材表面及型腔内的铝屑、型材端面内外侧毛刺等清理干净，用设备风管将铝屑吹净。

（6）型材端面内外侧去毛刺可用壁纸刀片沿与形型材端面形成 45°角进行刮削（注意不要划伤型材外饰面）以免影响定位和划伤型材表面，并将加工件整齐地摆放在周转车上，无磕碰、划伤现象。

（7）批量生产中，每 10 件产品要抽检一次加工尺寸及角度。

如果超差或有超差迹象，应及时重新调整设备，确定加工尺寸稳定后再正常加工、检验。

（8）加工结束后应按规定进行抽样检验，并填写工序检验记录。

（9）加工结束后的铝合金构件表面应贴保护胶带。保护胶带应纵向粘贴，中间尽量减少接头。胶带应贴平、贴牢，中间无大的气泡。搬运过程中，如发现保护胶带脱落或撕裂，应检查脱落或撕裂处的表面是否擦伤，如构件表面并未擦伤，必须进行补贴后再发送工地；如发现表面擦伤超过规定标准，应按不合格品处理。不得将不合格品粘贴保护胶带后发送工地。

2.3.2 放样和号料

（1）铝合金零部件加工时，放样应符合下列规定：

1）需要放样的工件应根据批准的施工详图放出足尺节点大样。

2）放样应预留收缩量及切割、铣端等需要的加工余量。

（2）铝合金零部件号料应根据放样零件草图、零件排列图、样板或数字放样套料图等进行。

（3）铝合金零部件加工时，号料应符合下列规定：

1）主要受力构件和需要弯曲的构件，在号料时应按工艺规定的方向取料，弯曲构件受拉部位的铝合金材料表面，不应有中心冲点和伤痕等缺陷。

2）号料应方便切割。

3）宽翼缘型材的号料，宜采用锯切。

（4）对精度要求较高的构件号料时，宜采用划针划线，划线宽度宜为0.3mm，较长的直线段可采用弹簧钢丝配合直尺、角尺联合划线，划线宽度宜为0.8mm。

（5）当采用样板（样杆）号料时，样板（样杆）与号料的允许偏差应符合表2-5的规定。

（6）相同规格较多、形状规则的零件可采用定位靠模号料，使用定位靠模号料时应随时检查定位靠模和号料的准确性。

样板（样杆）与号料的允许偏差　　　　表 2-5

项　目	允许偏差
零件外形尺寸(mm)	±1.0
孔距(mm)	±0.5
基准线(装配或加工)(mm)	±0.5
对角线(mm)	+1.0
加工样板的角度(°)	0.25

注：本表摘自行业标准《铝合金结构工程施工规程》JGJ/T 216—2010。

（7）采用专业制造软件进行排板时，可将数据输入电脑，由电脑根据实际铝合金板的情况进行排板和放样，将编程输入数控切割机后，在铝合金板上直接号料切割。

2.3.3　切割下料

铝合金构件应按其厚度、形状、加工工艺和设计要求选择切割加工方式。锯切下料操作要点：

（1）操作人员按料单领料，核对材料牌号，规格尺寸，表面处理方式及颜色，检查外观，表面不得有腐蚀、氧化、弯曲、扭曲、扭拧等。

（2）根据工序卡，工序程序或设计图纸尺寸。调整设备到最好的加工状态后，才允许生产操作。

（3）型材夹紧时不允许有变形、型材表面与定位要靠紧；对于断面形状的型材，不适合直接夹紧，应加支撑块后再夹紧。垫块要光滑平整，一定要夹紧可靠后加工。

（4）型材两端切角时，先旋转工作台（锯片）角度，然后装夹工件加工。加工时，先按下气动夹具按钮，使水平、垂直顶杆将型格夹紧牢固，然后起锯下料，加工完成后松开气动夹具，最后卸料。

（5）双头锯（图 2-5）一次下料数量：

1）竖框：必须单支加工。

2）横框及方管：断面在 60mm×60mm 以下（含 60mm）允

许平放 2 支加工（图 2-6）。

3）其余型材：断面在 60mm×60mm 以下可多支加工；其中平放宽度不超过 120mm，叠放高度过 60mm（指直料）。

（6）单头锯一次下料数量：

1）插芯：断面尺寸在 60mm×60mm 以上（含 60mm）只允许 1 支加工。断面尺寸 60mm×60mm 以下，允许平放 2 支加工。

2）HC210 方管：允许 6 支加工，平放 3 支，叠放 2 支。

3）HC505 角片：允许 4 支加工。

4）HC506 角片：允许 6 支加工。

5）HD502 角片：允许 2 支加工。

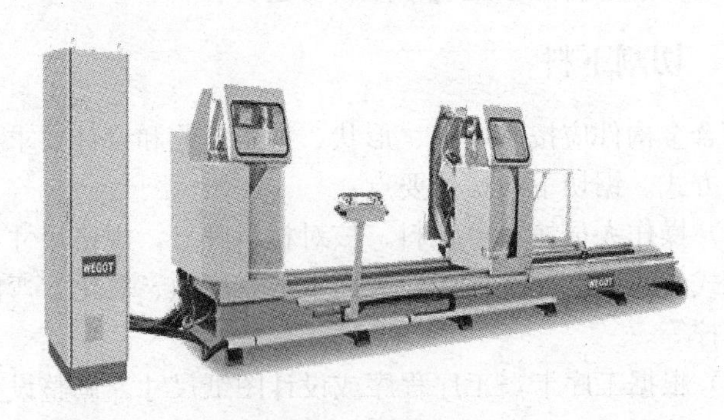

图 2-5　双头锯

图 2-6　单支下料

（7）角度切料只允许单排，即旋转锯片时，允许几件平放加工，旋转工作台时，允许几件叠放加工。

（8）如加工壁厚较大的型材，应调整锯片进给量，如设备出现异常噪音时，应调小锯片进给量，不允许超负荷操作。

（9）断料端头要求平滑无痕（图 2-7），某些截面较厚或较宽的材料出现有切口痕的（图 2-8），高低不平度以 0.2mm 为限，同时需特别留意切割高温是否会烧焦涂层面。

（10）断料端头与料面形成的切角，不允许有锯齿状刻痕（狗牙边），切割时产生的披锋、棱边、毛刺等应于工序完成的同时清除干净。

图 2-7　下料端面平滑无痕

图 2-8　下料端面不应有切口痕

（11）所有切断的材料必须对其端口油污清理干净，吹净铝屑或杂物后方可叠放（图 2-9）。完成整架、整板后需整体再多一次清吹，保证干净。

（12）所有材料的摆放（包括已断短料）必须让一端平齐，料层间以木条、纸皮或发泡膜隔开（铬化处理的辅材料可考虑适当放松），如图 2-10 所示。

图 2-9　断料端口进行清理并吹净铝屑

图 2-10　摆放时一端平齐长短有序

2.3.4 制孔

1. 制孔要求

（1）应采用多轴立式钻床或数控机床、数控加工中心等制孔。

（2）当同类孔径较多或孔的数量较多时，应采用数控加工中心制孔。

（3）当孔的数量较少时，可采用样板划线制孔。

（4）当精度要求较高时，整体构件应采用成品制孔。

（5）孔在零部件上的位置，应符合设计文件要求。

（6）孔的分组应符合下列规定：

1）在节点中一根杆件与板相连的所有连接孔应划分为一组。

2）在接头处，通用接头半个拼接板上的孔应为一组，阶梯接头两接头之间的孔应为一组。

3）在相邻节点或接头间的连接孔为一组，但不得包括以上两款中所指的孔。

2. 手工钻孔操作要点

（1）孔位的确定。

1）划线法：划线后用样冲冲眼，然后钻孔，此法一般在试制阶段应用。

2）样板法：用样板定位，样冲冲窝，后钻孔。

3）钻模法：用钢制钻模板定位直接钻孔。使用钻模板保证两端头孔，距工件两端为 50mm、两孔中心距 350mm。加工时从工件两端向工件中间依次钻孔，当最终孔距≥350 时，在孔距正中钻孔，最终孔距<350 时，则不必钻。

4）配作法：具有配合要求的组件对应孔需配作。

（2）钻头柄部应 3/4 插入钻卡内，钻头必须垂直工件表面。工作前，开动电钻检查钻头摆动情况，若偏摆大，排除后方可钻孔。

（3）料将要钻透时，要减轻加在电钻上的压力，否则容易折断钻头及划伤部件。

（4）钻孔时，用力要均匀不要过猛，否则容易使孔壁产生毛刺和折断钻头。

（5）为避免钻卡头碰伤部件表面，必须在钻头柄部套上橡胶垫或套管。

（6）孔钻通后从孔中退出钻头时，不要关闭电钻，否则会卡住钻头及划伤孔壁。

（7）钻孔过程中产生的披锋、毛刺应小心清理，谨防料面刮花，如图 2-11 所示。

（8）加工沉孔必须以配装的相关规格沉头螺丝作基准定位拔孔，保证沉头螺丝与料面平滑，不下陷、不凸出，如图 2-12 所示。

图 2-11　孔周边毛刺清理干净

图 2-12　拔沉孔及装配沉头钉

3. 手工锪窝操作要点

（1）锪窝工具有组合锪钻和单独锪钻。锪窝有三种方法：

1）依划线同时钻孔锪窝。

2）依导孔同时钻孔锪窝。

3）用带导销的锪窝钻进行锪窝。

（2）如图 2-13 所示，定位尺杆的定位，在试件上钻孔锪窝，后用对应沉头钉试装，直至达到锪窝标准尺寸。

（3）锪窝工件如与支撑面紧靠，则可选用带有导柱的划窝钻，如图 2-14 所示。导柱长与工件锪窝孔高相等，从而达到标准尺寸。

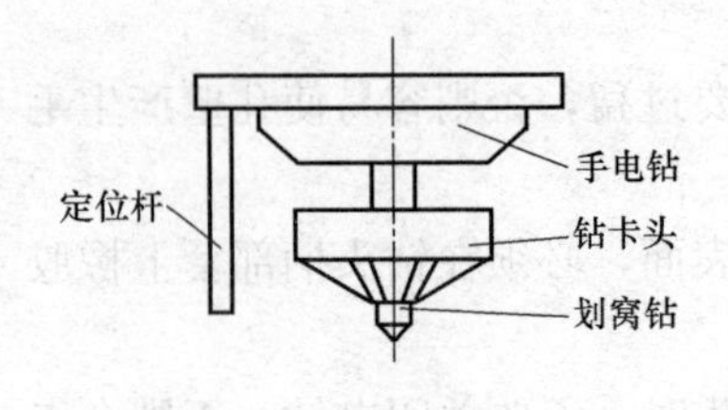

图 2-13 钻孔锪窝（一）

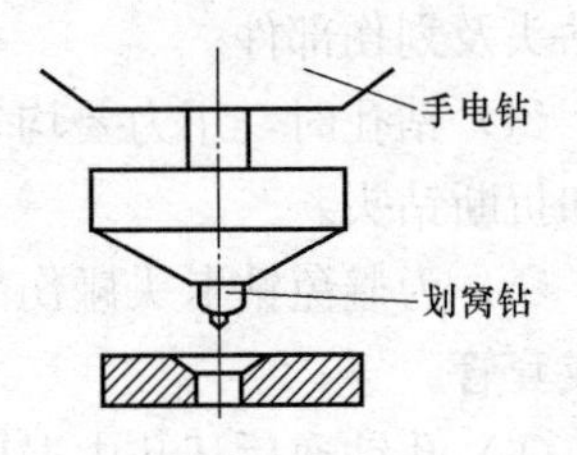

图 2-14 钻孔锪窝（二）

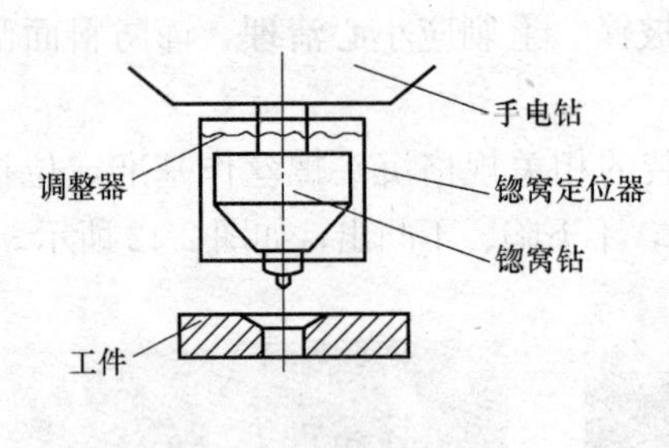

图 2-15 钻孔锪窝（三）

（4）如图 2-15 所示，加工时定位器顶在工件上，以划窝钻导柱定位，向下用力加工出锪孔，然后用对应沉头钉试装，如不合格应适当旋转调整器，直至达到锪窝标准尺寸。加工定位器底面必须与工件表面靠严。

（5）去毛刺：对锪窝孔外沿的毛刺，应用壁纸刀片刮掉。

（6）注意检查锪窝钻质量，不许有崩刃夹屑等现象，发现不好及时更换。

（7）锪窝钻的锥角应与钉头锥角相等。

（8）锪窝时用力一定要平稳，以免造成窝面既不圆又不光。

（9）锪窝时一定要控制好深度。

4. 多头钻加工操作要点

（1）加工工件前，设备空载运转，检查各部分设备是否正常，待设备调整至良好状态下方可操作。图 2-16 为铝幕墙多头组合钻（LZZ6-13）。

（2）按照设计图纸各加工孔形式安装钻模板。安装时一定调整好方向轴及固定轴的配合关系，按型号选好钻夹头与钻头，并按图纸要求调整好各工作的相对位置，逐一按尺寸校准后，找一支规格相同的废型材或复合板进行试加工，试加工时，在钻头刚接触到工件后，马上抬起，将工件留下的印记进行检验，如孔位与图纸要求有偏差，需重新调整各钻头位置，反复试钻直到各孔位置满足图纸设计时，再进行首件加工。

（3）首件加工前，调校工作台所在位置是否在所需位置，检查钻头在抬钻高位和进给最低位的位置，检查其是否撞到工件及加工行程是否够长，加工完成后检验其准确度，如有偏差及时调整以确保加工精度。

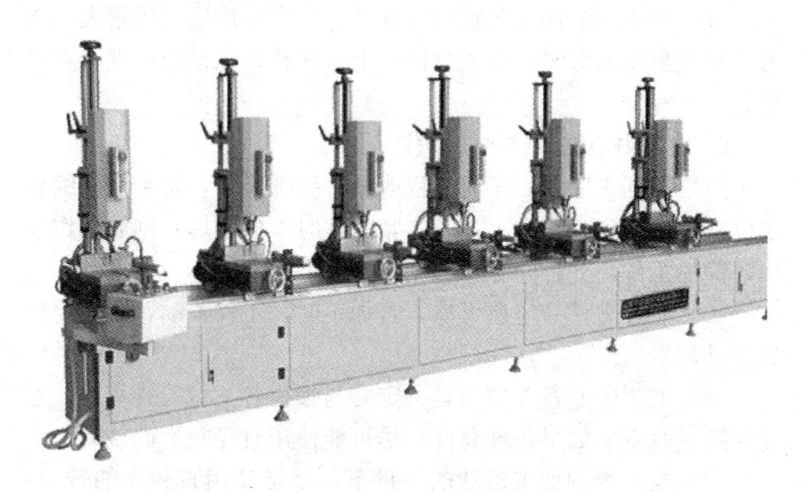

图 2-16　铝幕墙多头组合钻（LZZ6-13）

5. 钻铣床加工操作要点

（1）根据工序卡、工艺规程或设计图纸尺寸，进行划线加工（批量小），如非装饰面，用划针划线，如装饰面，用铅笔划线，划线宽度不超过 0.2mm，按线钻孔时，必须用冲头在孔位点打窝；当钻孔位置不是平面时，应将其调整为平面后，再加工。

（2）加工前夹紧工具后，开机试转看是否偏摆，及时将设备调整至良好状态下，才能允许操作。

（3）钻孔成铣加工中，工件一定要夹紧，型材夹紧时不允许有变形，装夹时应加垫尼龙垫片，以免将装饰表面夹伤，型材表面与定位面要靠紧。严禁用手拿工件进行钻铣加工。

（4）钻头或铣刀刃口磨钝后，应立即刃磨，以免影响工作加工质量。

（5）钻盲孔时，应利用钻床标尺或在钻头套上定位环控制孔深，要经常退屑；加工孔径≤6mm 的孔时，开始钻进及孔快钻通时，进给力要轻，要经常排屑，并同时加一些切削液。

（6）钻薄壁件时，下面应垫支撑物，应该“锪孔”；钻孔时，冷却液要充分。

（7）在不影响加工形状的条件下，应尽量使用直径较大的铣刀，在铣封闭内形时，应该先钻一个工艺孔，孔径应比铣刀直径稍大。

6. 加工中心钻、铣加工操作

（1）根据工序卡，工艺规程或设计图纸尺寸，将工件按编程定位基准放置到工作台上，若夹紧工件时工件变形，则需制作顶块，撑住工件，允许间隙 0.2mm。

（2）夹紧工件一定要可靠，若加工时，工件颤动，则需要增加夹具数量。

（3）加工中心各工位刀具一定要与编程各工位刀具相符，不允许随意改变。如果条件允许，尽可能使用直径较大的铣刀。

（4）在不影响加工形状的条件下，尽量使用直径大的铣刀；铣封闭内形时，先钻一个工艺孔，孔径应比铣刀直径稍大。

（5）用仿型铣加工时，首先根据仿型铣导杆确定模板尺寸，制造模板，需调整定位杆，确定加工位置。

（6）用端头铣加工时，一定要调整好定位顶块及锯片高度。

2.3.5 螺栓球和毂加工

（1）铝合金构件的端部加工应在矫正合格后进行。

（2）螺栓球节点不应有裂纹。

（3）螺纹应按 6H 级精度加工，并应符合现行国家标准《普通螺纹公差》GB/T 197 的规定。

（4）螺栓球中心到端面距离的允许偏差应为±0.20mm，螺栓球孔角度允许偏差应为±0.2°。

（5）嵌入式毂节点杆端前嵌入件与毂体槽口相配合部分的制造精度应满足 0.1～0.3mm 的间隙配合要求。

（6）在毂体加工中，嵌入槽圆孔对中心线的平行度允许偏差应为±0.3mm。分布圆直径允许偏差应为±0.3mm。

（7）直槽部分对圆孔平行度允许偏差应为±0.2mm。毂体嵌入槽夹角允许偏差应为±0.3°。

（8）毂体端面对嵌入槽分布圆中心线的端面跳动容许偏差应为±0.3mm，端面间平行度允许偏差应为±0.5mm。

2.3.6 组装

（1）检查并清理铝材胶条槽口毛刺，按图纸将密封胶条穿入铝框胶条槽口内，胶条两端应比铝框长 30mm。原则上放置 24h 后，在距端头 15mm 处冲两点以保证胶条不窜动。

（2）型材端面涂密封胶，如图 2-17 所示。将密封胶平滩在一块平板上，其厚度在 1mm 左右，滩平范围与型材大小相近，然后将其平粘在型材端面，将上、下、左、右框型材端面均匀地粘上密封胶。然后在型材端口腔内挤入组角结构胶。涂胶挤胶要均匀，无遗漏。

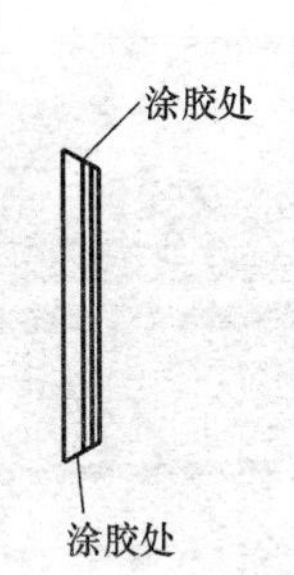

图 2-17　端面涂密封胶

（3）将角插芯、角片分别插入左、右框两端的槽内，插入后应当调整角插芯、角片，使之位置端正，安插到位，如图 2-18 所示。若角插芯角片的尺寸有不正确，不可用蛮力强行打入型材槽内。

（4）将组角角片插入铝型材框内，按图 2-19 要求将角插芯、角片的另一端分别插入相对应的另一型材腔内，然后将四框合好。若插入不到位，可用胶锤轻轻敲打到位。擦去挤出的残胶。组成的框要平直、无扭曲变形。组装的框料、角片不允许有飞边和毛刺。

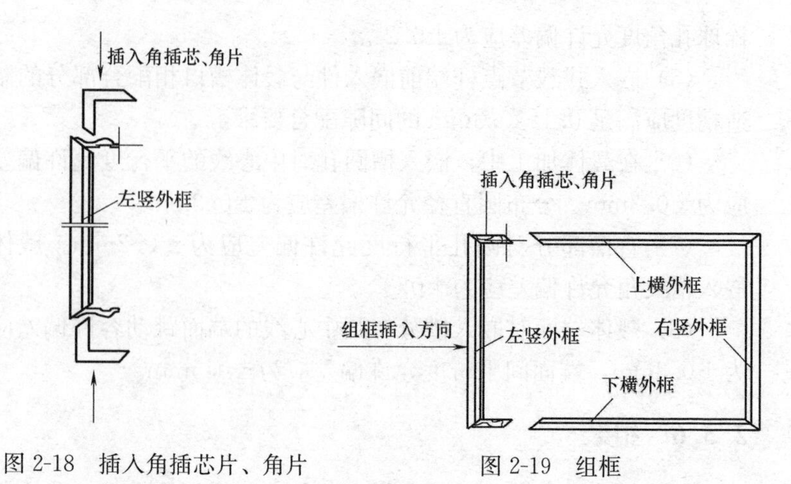

图 2-18　插入角插芯片、角片　　　　图 2-19　组框

(5) 穿胶条：

1) 胶条不可随意混用或代用，胶条材质要符合工程要求，长度必须根据被穿/塞/压材料的长度先预长剪切，预留长短严格按规范执行（两端各预长 10～15mm），预防胶条割断后的回缩，如图 2-20 所示。

图 2-20　胶条长度应按标准执行预留

2) 各工序避免胶条局部脱落及蛇形皱曲。

3) 胶条切断时，必须对准铝材端面切割和铝材端面保持一致。

4) 穿、塞、压胶条时，不要使用碱性润滑液，以免碱性物质同橡胶条间产生未知反应及碱性物质干涸后遗留有色污渍而影响外观。

(6) 对于不同型材，组角机支撑、夹紧位置都要重新调整。压紧筒距角部距离，应调至相等。图 2-21 为重型同步组角机

(LMB-120A)。

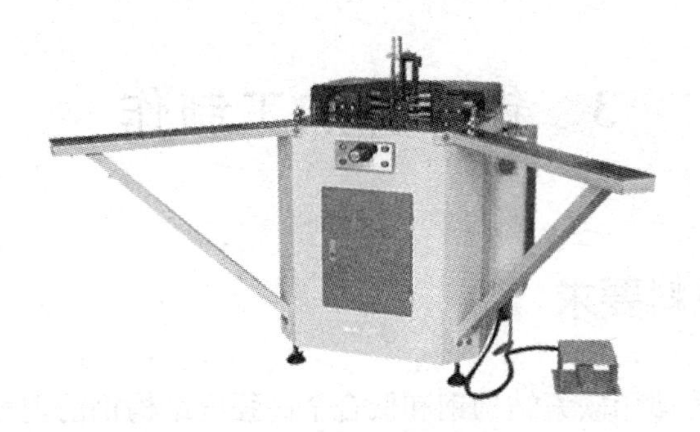

图 2-21　重型同步组角机（LMB-120A）

（7）挤角机的位置应调整。把合好的方框放在机台上，把其中的一根型材从插芯上推出一部分，按照插芯的挤角位置调整可移动的定位块，使挤角刀调整到合适的位置，将挤角刀手柄锁紧；然后调整型材定位挡块并锁紧。点动气动夹紧块试夹，察看挤角刀夹紧的位置，反复数次，直到位置正确为止。

（8）将退下的型材重新穿入插芯上，并放在组角机前顶处，点动气动夹紧块，使定位夹紧时框的接缝处贴合紧密，如果有阶差可用胶皮锤轻轻敲打，然后进行挤角，边框挤角要尽量保证内饰面物阶差、接缝；对于转接框要尽量保证大面无间隙、阶差；对于扇框机角要尽量保证室内面无阶差、接缝。

（9）挤角刀依次挤完框的四角后，擦去角接缝处挤出的残胶。要求组出的框周正、牢固、无擦伤、破损。

（10）大弯弧型材组角时，框后部应适当支撑，使得弯弧框与工作台贴合。

3 钢构件加工制作

3.1 材料要求

（1）幕墙用碳素结构钢和低合金高强度结构钢的钢种、牌号和质量等级应符合下列国家现行标准的规定：

《碳素结构钢》GB/T 700；

《优质碳素结构钢》GB/T 699；

《合金结构钢》GB/T 3077；

《低合金高强度结构钢》GB/T 1591；

《碳素结构钢和低合金结构钢热轧薄钢板和钢带》GB 912；

《碳素结构钢和低合金结构钢热轧厚钢板和钢带》GB/T 3274；

《结构用无缝钢管》GB/T 8162；

《钢拉杆》GB/T 20934；

《建筑用钢质拉杆构件》JG/T 389。

（2）幕墙用不锈钢宜采用奥氏体不锈钢材料且应符合现行国家标准《不锈钢和耐热钢牌号及化学成分》GB/T 20878 的规定。奥氏体不锈钢的铬、镍总含量不宜低于25%，其中镍含量不应低于8%。

幕墙用不锈钢材尚应符合下列国家现行标准的规定：

《不锈钢棒》GB/T 1220；

《不锈钢冷加工钢棒》GB/T 4226；

《不锈钢冷轧钢板和钢带》GB/T 3280；

《不锈钢热轧钢板和钢带》GB/T 4237；

《结构用不锈钢无缝钢管》GB/T 14975；

《不锈钢热轧钢带》YB/T 5090。

（3）幕墙用耐候钢应符合现行国家标准《耐候结构钢》GB/T 4171 的规定。

（4）与空气接触的碳素结构钢和低合金高强度结构钢应采取有效的表面防腐处理，并应符合下列要求：

1）采用热浸镀锌进行表面处理，锌膜质量和厚度应符合现行国家标准《金属覆盖层钢铁制件热浸镀锌层技术要求及试验方法》GB/T 13912 的规定。

2）采用环氧、聚氨酯、丙烯酸环氧、丙烯酸聚氨酯等作为面涂料，防腐蚀保护层应符合现行行业标准《建筑钢结构防腐蚀技术规程》JGJ/T 251 的规定。

3）采用氟碳漆喷涂，氟碳涂膜厚度不宜小于 45μm。涂层干漆膜总厚度室外不应小于 150μm，室内不应小于 125μm。

（5）幕墙支承结构用拉索、拉杆应符合下列要求：

1）钢绞线应符合国家现行标准《预应力混凝土用钢绞线》GB/T 5224、《高强度低松弛预应力热镀锌钢绞线》YB/T 152、《镀锌钢绞线》YB/T 5004 的规定；锌-5%铝-混合稀土合金镀层钢绞线的要求可按现行国家标准《锌-5%铝-混合稀土合金镀层钢丝、钢绞线》GB/T 20492 的有关规定执行。

2）不锈钢绞线应符合国家现行标准《不锈钢丝》GB/T 4240 和《建筑用不锈钢绞线》JG/T 200 的规定。

3）钢拉杆的质量、性能应符合现行国家标准《钢拉杆》GB/T 20934 的规定。

4）钢丝绳的质量、性能应符合现行国家标准《一般用途钢丝绳》GB/T 20118 的规定。

5）不锈钢丝绳的质量、性能、极限抗拉强度应符合现行国家标准《不锈钢丝绳》GB/T 9944 的规定。

（6）点支承玻璃幕墙用锚具的技术要求应符合国家现行标准《预应力筋用锚具、夹具和连接器》GB/T 14370、《预应力筋用锚具、夹具和连接器应用技术规程》JGJ 85 及《建筑幕墙用钢索压管接头》JG/T 201 的规定。

（7）点支承玻璃幕墙的支承装置应符合现行行业标准《建筑玻璃点支承装置》JG/T 138 的规定。全玻幕墙用的吊夹装置应符合现行行业标准《吊挂式玻璃幕墙支承装置》JG 139 的规定。

（8）钢构件采用冷弯薄壁型钢时，应符合现行国家标准《冷弯薄壁型钢结构技术规范》GB 50018 的有关规定，结构质量应符合现行国家标准《钢结构工程施工质量验收规范》GB 50205 的有关规定。

（9）钢材之间进行焊接时，应符合国家现行标准《碳钢焊条》GB/T 5117、《低合金钢焊条》GB/T 5118 及《建筑钢结构 P 接技术规程》JGJ 81 的规定。

3.2 加工制作要求

（1）预埋件的加工应符合下列要求：

1）锚板及锚筋的材质应符合设计要求。平板型预埋件应使用热轧带肋钢筋，不得使用冷加工钢筋。

2）锚板应按照加工工序依次完成。

3）剪板和冲孔工序完成后，应对半成品除去毛刺。

4）预埋件的直径大于 20mm 的锚筋与锚板宜采用塞焊，焊缝应符合国家现行标准和设计要求。

（2）平板型预埋件加工精度应符合下列要求：

1）锚板长允许偏差为±5mm。

2）一般描筋长度的允许偏差为 0～+10mm，两面为整块锚板的穿透式预埋件的锚筋长度的允许偏差为−5～0mm。

3）圆锚筋的中心线允许偏差为±5mm。

4）锚筋与锚板面的垂直度允许偏差为 $l_s/30$（l_s为锚固钢筋长度，单位为 mm）。

（3）除锚筋和不锈钢制品外，槽式埋件表面及槽内应进行防腐处理，其加工精度应符合下列要求：

1）埋件长度、宽度和厚度允许偏差分别为 0～＋10mm、0～＋5mm 和 0～＋3mm，不允许负偏差。

2）槽口的允许偏差为 0～1.5mm，不允许负偏差。

3）锚筋长度允许偏差为 0～＋5mm，不允许负偏差。

4）锚筋中心线允许偏差为±1.5mm。

5）锚筋、锚爪与槽板的垂直度允许偏差为 $l_s/30$（l_s为锚固钢筋或锚爪长度，单位为 mm）。

（4）连接件与支承件的加工要求与国家现行标准《建筑装饰装修工程质量验收规范》GB 50210 及《玻璃幕墙工程质量检验标准》JGJ/T 139 的规定一致。

幕墙的连接件、支承件的加工精度应符合下列要求：

1）连接件、支承件外观应平整，不得有裂纹、毛刺、凹凸、翘曲、变形等缺陷。

2）连接件、支承件加工尺寸（图 3-1）允许偏差应符合表 3-1 的规定。

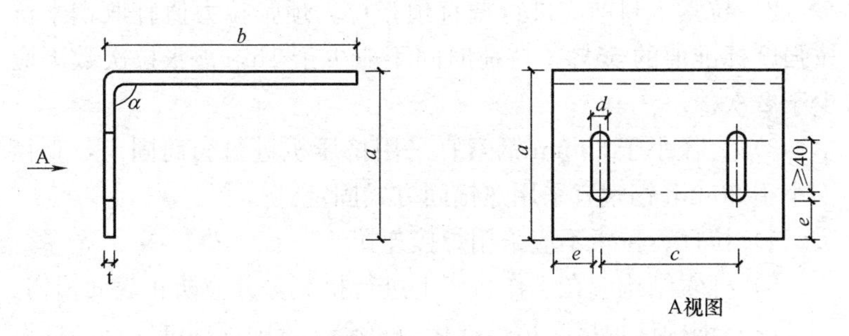

图 3-1　连接件、支承件加工尺寸示意图

连接件、支承件加工尺寸允许偏差　　表 3-1

项目	允许偏差	项目	允许偏差
连接件高 a	－2～＋5mm	边距 e	0～＋1.0mm
连接件长 b	－2～＋5mm	壁厚 f	－0.2～＋0.5mm
孔距 c	±1.0mm	弯曲角度 α	±2°
孔宽 d	0～＋1.0mm	—	—

注：本表摘自现行行业标准《玻璃幕墙工程技术规范》JGJ 102—2003。

（5）钢型材立柱及横梁的加工应符合现行国家标准《钢结构工程施工质量验收规范》GB 50205 的相关规定。

（6）幕墙的支承钢结构加工应符合下列要求：

1）应合理划分拼装单元。

2）管桁架应按计算的相贯线，采用数控机床切割加工。

3）钢构件拼装单元的节点位置允许偏差为±2.0mm。

4）构件长度、拼装单元长度的允许正、负偏差均可取长度的 1/2000。

5）管件连接焊缝应沿全长连续、均匀、饱满、平滑、无气泡和夹渣，支管壁厚小于 6mm 时可不切坡口，角焊缝的焊脚高度不宜大于支管壁厚的 2 倍。

6）钢结构的表面处理应符合上述 3.1 的有关规定。

7）分单元组装的钢结构，宜进行预拼装。

（7）杆索体系的加工应符合下列要求：

1）拉杆、拉索应进行拉断试验。

2）拉索下料前应进行调直预张拉。预张拉力值宜取钢索抗拉强度标准值的 55%，持荷时间不应少于 1h，预张拉次数不应少于 2 次。

3）直径小于 30mm 钢索宜采用挤压机进行套筒固定，直径不小于 30mm 钢索宜采用热锚固方式固定。

4）拉杆、拉索不应采用焊接连接。

5）杆索结构应在工作台座上进行拼装，并应防止表面损伤。

（8）钢构件焊接、螺栓连接应符合现行国家标准《钢结构设计规范》GB 50017 及《钢结构焊接规范》GB 50661 的有关规定。

（9）钢结构表面涂装应符合现行国家标准《钢结构工程施工质量验收规范》GB 50205 的有关规定。

（10）采用不锈钢或碳素钢精密铸造工艺加工的爪件，其加工精度应满足现行国家标准《铸件尺寸公差与机械加工余量》GB/T 6414 的要求。

（11）采用机械加工并装配而成的爪件，其加工精度应不低于 IT10 级。

（12）爪件表面应无明显机械伤痕和锈斑、裂纹。

（13）铸件表面要求光滑，整洁，无毛刺、砂眼、渣眼、缩孔，不应有冷隔、缩松等严重缺陷。

（14）铸件内侧表面不得存在直径不小于 2.5mm，深度不小于 0.5mm 的气孔；直径小于 2.5mm 且深度小于 0.5mm 的气孔数不得多于 2 个。

（15）不锈钢铸件表面要经喷丸、电解抛光、机械抛光等处理，经机械抛光处理的表面粗糙度不得大于 Ra0.8。

（16）由非不锈钢制造的爪件，应进行镀铬、镀锌钝化或其他可靠的表面处理，其外观应满足设计要求。

3.3 钢构件加工

3.3.1 放样和号料

1. 放样

（1）首先要熟悉施工图纸，并逐一核对图纸间的相互关系和尺寸。按 1∶1 的比例放出实样，制成样板（样杆）作为下料、成型、边缘加工和成孔的依据。

（2）样板一般用 0.50～0.75mm 的铁皮制作。样杆一般用扁钢制作。当长度较短时可用木杆。样板精度要求见表 3-2。

样板精度要求 **表 3-2**

项目	平行线距离和分段尺寸	宽、长度	孔距	两对角线差	加工样板的角度
偏差极限	±0.5mm	±0.5mm	±0.5mm	1.0mm	±20′

（3）样板（样杆）上应注明工号、零件号、数量及加工边、坡口部位、弯折线和弯折方向、孔径和滚圆半径等。样板（样

杆）妥为保存，直至工程结束方可销毁。

（4）放样时，要边缘加工的工件应考虑加工预留量，焊接构件要按规范要求放出焊接收缩量。由于边缘加工时常成叠加工，尤其当长度较大时不易对齐，所有加工边一般要留加工余量2～3mm。

刨边时的加工工艺参数，见表 3-3。

刨边时的最小加工余量 **表 3-3**

钢材性质	边缘加工形式	钢板厚度（mm）	最小余量（mm）
低碳结构钢	剪断机剪或切割	≤16	2
低碳结构钢	气割	＞16	3
各种钢材	气割	各种厚度	＞3
优质高强度低合金钢	气割	各种厚度	＞3

2. 号料

（1）以样板（样杆）为依据，在原材料上划出实际图形，并打上加工记号。

（2）根据配料表和样板进行套裁，尽可能节约材料。

（3）当工艺有规定时，应按规定的方向取料。

（4）操作人员划线时，根据材料厚度和切割方法留出适当切割余量。气割下料切割余量，见表 3-4。

气割下料切割余量 **表 3-4**

材料厚度(mm)	切割缝余量(mm)
≤10	1～2
10～20	2.5
20～40	3.0
40 以上	4.0

（5）号料的允许偏差，见表 3-5。

号料允许偏差 **表 3-5**

项　　目	允许偏差(mm)
零件外形尺寸	±1.0
孔距	±0.5

3.3.2 切割下料

切割下料时，根据钢材截面形状、厚度以及切割边缘质量要求的不同可以采用机械切割法、气割法或等离子切割法。

在钢结构制造厂，一般情况下钢板厚度 12mm 以下的直线性切割常采用机械剪切。气割多数是用于带曲线的零件和厚板的切割。各类中小规格的型钢和钢管一般采用机械切割，较大规格的型钢和钢管可采用气割的方法。等离子切割主要用于不锈钢材料及有色金属切割。

1. 无齿锯下料

（1）下料前要检查锯片是否破损、紧固、空转是否平稳。

（2）下料时注意型钢的套裁，保证型钢纵向垂直于锯片。

（3）根据下料尺寸、数量可采用划线或挡块形式进行切割。尺寸较大、数量较少，可采用挡块形式，按下料尺寸确定挡块或划线的位置。

（4）加工时夹紧工件进行切割。

（5）切割时，要均匀加力，按画线或挡块位置加工，避免因用力过大，造成锯片损坏，甚至烧坏电机发生意外。切割中，不允许在切割片端面垂直地加工磨削，或站位正对切割件，要注意周围其他人员安全，防止意外。

（6）加工后，用角磨机清理飞边毛刺，将棱边倒钝，保证表面质量。

2. 剪板机下料

（1）根据材料及厚度选择上下刃口间隙。间隙调整时，将夹紧螺钉旋松，转动手柄调整，到刻度后，将夹紧螺钉拧紧后，进行试切，查看下料是否有明显毛刺，有则适当调小间隙。必要时可更换上下刀。

（2）检查导尺与刀刃是否与要求角度一致。

（3）根据下料长度或宽度调整定位块，检查并保证定位块（板）位置。

（4）定位块（板）调整距离不能满足时，可用工作台定位方式。

（5）剪板后弯曲变形要进行校平并符合平面度要求。

（6）剪板后断面毛刺的，要用角磨机处理，达到要求。

3. 联合冲剪机下料

（1）调整冲床封闭高度使得滑块运动到最低点时，上模柄进入滑块模柄孔内，使上模板上面与滑块下面贴合，则用垫板调整高度然后用螺栓顶死模柄，分别用两块压板压住上、下模，并保证两压板位置对称。

（2）调整滑块使凸模进入凹模 2～3mm，然后锁紧滑块调节螺母。

（3）简易模要向下引模，四周用塞尺检查，保证间隙均匀。加工件超过 200 件时，需要重新检查调整。

（4）冲切单元竖框时，将托架与模调到一个平面，将型材冲切部位，穿入模具腔内，保持进出自如，没有卡死现象，否则重新调整。

（5）下模面不许有杂物，以免冲切时垫伤及损坏模具。

（6）注意观察冲切件的毛刺，如毛刺较大应找模具外协员进行刃口修磨，或更换。

（7）冲切后，对板面弯曲的工件，应进行校平。首先将专用校平模具装在压力机上，调整封闭高度，使其小于工件厚度 1～2mm 即可。然后将工件放在模具下模上进行逐件校平，从而达到平面度要求。

（8）冲切时，严禁冲切与模具规定不相符的材料及厚度。

4. 气割下料

气割原则上采用自动切割机，也可以使用半自动割机和手工切割，气体可为氧—乙炔或氧—丙烷的混合气等。

（1）气割前，气割前应垫平稳被加工钢板，按图纸要求确定切割位置进行画线。应将钢材切割区域表面的铁锈、污物等清除干净，并在钢材下面留出一定的空间，以利于熔渣的吹出。气割时，割炬的移动应保持匀速，被切割件表面距离焰心尖端以 2～5mm 为宜，距离太近，会使切口边沿熔化。太远了热量不足，易使切割中断。

（2）气割时，气压要稳定；压力表、速度计等正常无损；机体行走平稳，使用轨道时要保证平直和无振动；割嘴的气流畅通，无污损；割炬的角度和位置准确。

（3）预热工件至红热状态，然后打开切割氧，使熔化并在氧气中燃烧吹走，此时，再加大切割氧，当工件背后落下火焰时说明工件被切割透，此时以均匀速度向前移动，直至工件切完。

（4）气割时，大型工件的切割，应先从短边开始；在钢板上切割不同尺寸的工件时，应靠边靠角、合理布置，先割大件，后割小件；在钢板上切割不同形状的工件时，应先割较复杂的，后割较简单的；窄长条形板的切割，长度两端留出 50mm 不割，待割完长边后再割断，或者采用多割炬的对称气割的方法。

（5）气割时应正确选择割嘴型号、气体压力、气割速度和气体流量等工艺参数。工艺参数的选择主要是根据气割机械的类型和切割的钢板厚度。表 3-6、表 3-7 和表 3-8 分别为氧、乙炔切割，氧、丙烷切割的工艺参数和切嘴倾角与割件厚度的关系。

（6）发生回火时，应迅速关闭切割氧，以防止氧气回流进入乙炔管内，如仍发出嘶嘶声，应迅速关闭乙炔，回火排除后，作射吸能力检查，然后重新切割。

（7）切割完成后，用扁铲或角磨机清理飞边毛刺。

5. 等离子切割下料

等离子切割是应用特殊的割咀，在电流、气流及冷却水的作用下，产生高达 20000～30000℃的等离子弧熔化金属而进行切割的设备。

（1）等离子切割的回路采用直流正接法，即工件接正，钨极接负，减少电极的烧损，以保证等离子弧的稳定燃烧。

（2）加工板放平稳后，将样板放在加工板上，打开气泵，根据板厚调整气压，当加工板厚为 1～3mm 时，压力为 0.3～0.4MPa，板厚 4～6mm 时，压力为 0.5～0.6MPa。

（3）打开离子束，割咀紧靠样板边缘进行切割，板材在气流作用下，将加热熔化的部分吹开，切割时注意割咀气流垂直于钢

氧、乙炔切割工艺参数 表 3-6

切割板厚度(mm)			<10	10～20	20～30	30～50	50～100
切割氧孔直径(mm)	自动、半自动		0.5～1.5	0.8～1.5	1.2～1.5	1.7～2.1	2.1～2.2
	手工		0.6	0.8	1.0	1.3	1.6
割嘴型号	手工		G01-30	G01-30	G01-30 G01-100	G01-100	G01-100
割嘴号码	自动、半自动		1	1	2	2、3	3
	手工		1	2	3、1、2	2	3
气体压力(N/mm^2)	氧气	自动、半自动	0.1～0.3	0.15～0.34	0.19～0.37	0.16～0.41	0.16～0.41
		手工	0.1～0.49	0.39～0.59	0.59～0.69	0.59～0.69	0.59～0.78
	乙炔	自动、半自动	0.02	0.02	0.02	0.02	0.04
		手工		0.001～0.12	0.001～0.12		
气体流量	氧气(m^3/h)	自动、半自动	0.5～3.3	1.8～4.5	3.7～4.9	5.2～7.4	5.2～10.9
		手工	0.8	1.4	2.2	3.5～4.3	5.5～7.3
	乙炔(L/h)	自动	0.14～0.31	0.23～0.43	0.39～0.45	0.39～0.57	0.45～0.74
		手工	210	240	310	460～500	550～600

续表

气割速度(mm/min)	自动	450～800	360～600	350～480	250～380	160～350
	半自动	500～600	500～600	400～500	400～500	200～400

氧、丙烷切割工艺参数 **表 3-7**

切割板厚度(mm)		<10	10～20	20～30	30～40	40～50	50～60
气体压力(N/mm^2)	氧气	0.69～0.78	0.69～0.78	0.69～0.78	0.69～0.78	0.69～0.78	0.69～0.78
	丙烷	0.02～0.03	0.03～0.04	0.04	0.04～0.05	0.04～0.05	0.05
切割速度(mm/min)		400～500	400～500	400～420	350～400	350～400	200～350
割嘴与钢板距离		预热焰的 3/4					

切嘴倾角与割件厚度的关系 **表 3-8**

割件厚度(mm)	<6	6～30	>30		
			起割	割穿后	停割
倾角方向	后倾	垂直	前倾	垂直	后倾
倾角度数	25°～45°	0°	5°～10°	0°	5°～10°

板平面。

(4) 手工切割时不得在切割线上引弧，切割内圆或内部轮廓时，应先在板材上钻出直径 12～16mm 的孔，切割由孔开始进行。

(5) 自动切割时，应调节好切割规范和小车行走速度。切割过程中要保持割轮与工件垂直，避免产生熔瘤，保证切割质量。

(6) 切割完成后，用角磨机清理飞边毛刺熔渣。

3.3.3 矫正和成型

1. 矫正

(1) 钢构件制作中矫正可视变形大小、制作条件、质量要求采用冷矫正或热矫正方法。

(2) 冷矫正：应采用机械矫正。冷矫正一般应在常温下进行。碳素结构钢在环境温度（现场温度）低于－16℃，低合金结构钢低于－12℃时，不得进行冷矫正。用手工锤击矫正时，应采取在钢材下面加放垫块、薄垫、锤垫等措施。

(3) 热矫正：用冷矫正有困难或达不到质量要求时，可采用热矫正。

1) 火焰矫正常用的加热方法有点状加热、线状加热和三角形加热三种。点状加热根据结构特点和变形情况，可加热一点或数点。线状加热时，火焰沿直线移动或同时在宽度方向作横向摆动，宽度一般约是钢材厚度的 0.5～2 倍，多用于变形量较大或刚性较大的结构。三角形加热的收缩量较大，常用于矫正厚度较大、刚性较强的构件的弯曲变形。

2) 低碳钢和普通低合金钢的热矫正加热温度一般为 600～900℃，800～900℃是热塑性变形的理想温度，但不应超 900℃。中碳钢一般不用火焰矫正。

3) 矫正后，钢材表面不应有明显的凹面或损伤，划痕深度不得大于 0.5mm。

2. 成型

（1）在钢构件制作中，成型的主要方法有卷板（滚圈）、弯曲（煨弯）、折边和模具压制等。成型是由热加工或冷加工来完成的。

（2）热加工时所要求的加热温度。对于低碳钢一般在1000～1100℃。热加工终止温度不应低于700℃。加热温度过高，加热时间过长，都会引起钢材内部组织的变化，破坏原材料的机械性能。加热温度在500～550℃时，钢材产生蓝脆性。在这个温度范围内，严禁锤打，否则，容易使部件断裂。

（3）冷加工是利用机械设备和专用工具进行加工。在低温时不宜进行冷加工。对于普通碳素结构钢在环境温度低于－16℃，低合金结构钢在环境温度低于－12℃时，不得进行冷矫正。

（4）型材弯曲方法有冷弯、热弯，并应按型材的截面形状、材质、规格及弯曲半径制作相应的胎具，进行弯曲加工。

1）型材冷弯加工时，其最小曲率半径和最大弯曲矢高应符合设计要求。制作冷压弯和冷拉弯胎具时，应考虑材料的回弹性。胎具制成后，应先用试件制作，确认符合要求后方可正式加工。

2）型材热弯曲加工时，应严格控制加热温度，满足工艺要求，防止因温度过高而使胎具变形。

3.3.4 边缘加工

（1）边缘加工方法有：采用刨边机（刨床）刨边；端面铣床铣边；型钢切割机切边；气割机切割坡口；坡口机坡口等方式。

（2）坡口型式和尺寸应根据图样和构件的焊接工艺进行。除机械加工方法外，可采用气割或等离子弧切割方法，用自动或半自动气割机切割。

（3）当用气割方法切割碳素钢和低碳合金钢的坡口时，对屈服强度小于400N/mm^{2}的钢材，应将坡口上的熔渣氧化层等清除干净，并将影响焊接质量的凹凸不平处打磨平整；对屈服强度大于或等于400N/mm²的钢材，应将坡口表面及热影响区用砂轮打磨，除淬硬层。

（4）当用碳弧气割方法加工坡口或清焊根时，刨槽内的氧化层、淬硬层或锈迹必须彻底打磨干净。

（5）刨边使用刨边机，需切削的板材固定在作业台上，由安装在移动刀架上的刨刀来切削板材的边缘。刨边加工的余量随钢材的厚度、钢板的切割方法的不同而不同，一般的刨边加工余量为2～4mm。

（6）铣边利用滚铣切削原理，对钢板焊前的坡口、斜边、直边、U形边能同时一次铣削成形，比刨边提高工效1.5倍，且能耗少，操作维修方便。

3.3.5 制孔

（1）螺栓孔分为精制螺栓孔（A、B级螺栓孔—Ⅰ类孔）和普通螺栓孔（C级螺栓孔—Ⅱ类孔）。精制螺栓孔的螺栓直径与孔径等，其孔的精度与孔壁表面粗糙度要求较高，一般先钻小孔，板叠组装后铰孔才能达到质量标准；普通螺栓孔包括高强度螺栓孔、普通螺栓孔、半圆头铆钉孔等，孔径应符合设计要求。其精度与孔粗糙度比A、B级螺栓孔要求略低。

（2）制孔方法有两种：钻孔和冲孔。钻孔是在钻床等机械上进行，可以钻任何厚度的钢结构构件（零件）。钻孔的优点是螺栓孔孔壁损伤较小，质量较好。

（3）当精度要求较高、板叠层数较多、同类孔较多时，可采用钻模制孔或预钻较小孔径、在组装时扩孔的方法，当板叠小于5层时，预钻小孔的直径小于公称直径一级（3.0mm）；当板叠层数大于5层时，小于公称直径二级（6.0mm）。

（4）钻透孔用平钻头，钻不透孔用尖钻头。当板叠较厚，直径较大，或材料强度较高时，则应使用可以降低切削力的群钻钻头，便于排屑和减少钻头的磨损。

（5）当钻孔批量大，孔距精度要求较高时，采用钻模。钻模有通用型、组合型和专用钻模。

（6）长孔可用两端钻孔中间氧割的办法加工，但孔的长度必须大于孔直径的2倍。

（7）冲孔：钢结构制造中，冲孔一般只用于冲制非圆孔及薄板孔。冲孔的孔径必须大于板厚。

（8）高强度螺栓孔应采用钻成孔。高强度螺栓连接板上所有螺栓孔，均应采用量规检查，其通过率为：

用比孔的公称直径小1.0mm的量规检查，每组至少应通过85%；用比螺栓直径大0.2～0.3mm的量规检查，应全部通过。

按上述方法检查时，凡量规不能通过的孔，必须经施工图编制单位同意后，方可扩钻或补焊后重新钻孔。扩钻后的孔径不得大于原设计孔径2.0mm。补焊时，应用与母材力学性能相当的焊条，严禁用钢块填塞。每组孔中补焊重新钻孔的数量不得超过20%。处理后的孔应做好记录。

3.3.6 预埋件加工

1. 一般规定

（1）受力预埋件由锚板和对称配置的锚筋组成。

（2）预埋件的锚板宜采用Q235级钢。锚筋应采用HPB235、HRB335或HRB400级热轧钢筋，严禁采用冷加工钢筋。

（3）预埋件的受力直锚筋不宜少于4根，且不宜多于4层；其直径不宜小于8mm，且不宜大于25mm。受剪预埋件的直锚筋可采用2根。预埋件的锚筋应放置在构件的外排主筋的内侧。

（4）直锚筋与锚板应采用T型焊。当锚筋直径不大于20mm时，宜采用压力埋弧焊；当锚筋直径大于20mm时，宜采用穿孔塞焊。当采用手工焊时，焊缝高度不宜小于6mm及0.5d（HPB235级钢筋）或0.6d（HRB335或HRB400级钢筋），d为锚筋直径。

（5）受拉直锚筋和弯折锚筋的锚固长度应符合设计要求。

（6）受剪和受压直锚筋的锚固长度不应小于15倍锚固钢筋

直径。除受压直锚筋外，当采用 HPB235 级钢筋时，钢筋末端应作 180°弯钩，弯钩平直段长度不应小于 3 倍的锚筋直径。

（7）锚板厚度应根据其受力情况按计算确定，且宜大于锚筋直径的 0.6 倍。

2. 平板型预埋件加工要点

（1）钢件下料。按钢件边长调整剪板机的定位杆，试剪。检测边长，边长合格后进行批量下料。

（2）锚筋下料。按锚筋长度调整切割机的定位杆，试切。检测长度，长度合格后进行批量下料。

（3）平板型预埋件组装焊接。制作定位靠模，将钢件和锚筋定位，用电焊机进行焊接、脱模。

（4）表面清理。平板型预埋件组装焊接后，应将焊渣清理干净。成品普通爪式埋件，如图 3-2 所示。

3. 槽型预埋件加工要点

（1）槽钢件下料。按槽钢件边长调整剪板机的定位杆，试剪。检测边长，边长合格后进行批量下料。

（2）锚筋下料。按锚筋长度调整切割机的定位杆，试切。检测长度，长度合格后进行批量下料。

（3）槽钢件压型冲孔。制作冲压模具，调整冲床的定位装置，试冲，检测孔位，合格后进行批量冲压。

（4）槽型预埋件组装焊接。制作定位靠模，将槽钢件和锚筋定位，用电焊机进行焊接、脱模。

（5）表面清理。槽型预埋件组装焊接后，应将焊渣清理干净。

（6）预埋件检验合格后，表面及槽内刷涂防锈漆两遍，进行防腐处理。成品埋板带预留槽式埋件，如图 3-3 所示。

3.3.7 连接件、支承件加工

（1）连接件、支承件是重要受力部件，必须严格控制下料宽度。连接件、支承件下料时。按宽度调整剪板机的定位杆，试

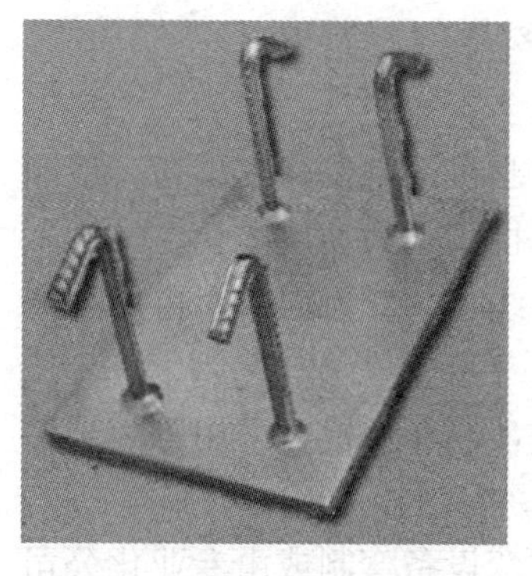

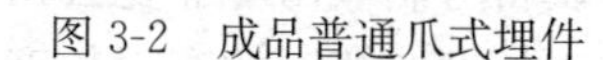

图 3-2　成品普通爪式埋件

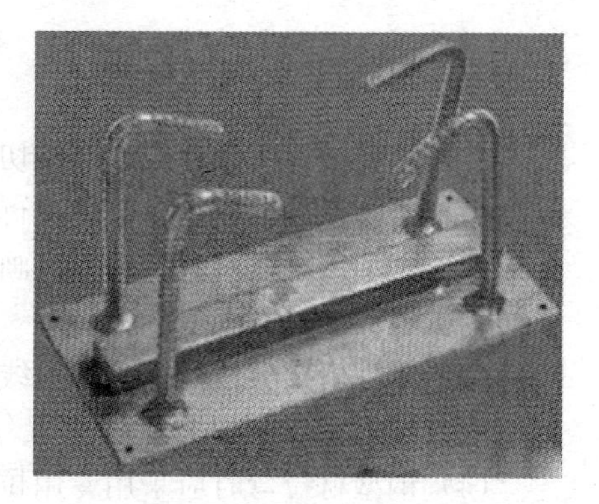

图 3-3　成品带预留槽式埋件

剪。检测宽度，宽度合格后进行批量下料。

（2）连接件、支承件折弯。连接件、支承件应在折弯机上进行折弯，不宜用冲床折弯，应控制回弹量，折弯成 90°±1°。

（3）连接件、支承件冲孔。制作冲压模具，调整冲床的定位装置，试冲，检测孔位，完全合格后进行批量冲压。

（4）防腐处理。连接件、支承件检验合格后，吊装入热浸镀锌槽进行热浸镀锌处理。常用的成品挂件，如图 3-4 所示。

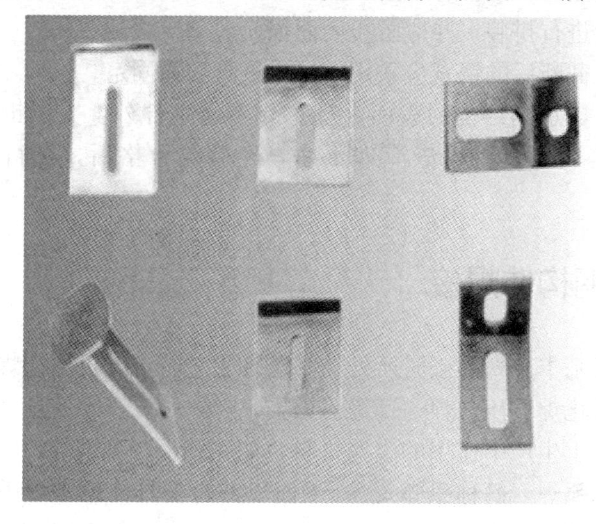

图 3-4　常用的成品挂件

3.3.8 幕墙支承钢结构加工

（1）小型钢材按设计长度调整切割机的定位杆，试切。检测长度是否符合设计尺寸，合格后进行批量下料。

（2）大型钢材下料时应用量具画线，核对无误后，再用等离子切割机切割。

（3）钢管桁架应按计算的相贯线，制作靠模，采用等离子切割机或数控机床切割加工。

（4）钢型材拉弯时应采用专用拉弯设备弯制或由专业化公司加工制作。弯制时应留足液压夹具的拉夹长度，弯制的有效长度内应用靠模检查圆弧是否正确，如有误差，应重新调整拉弯靠模的弧度，再行拉弯，直到完全符合设计要求。

（5）支承钢结构的部件组装焊接。在组装平台上用定位夹具，将支承钢结构的组装配件定位夹紧，用电焊机进行焊接；焊接工作量大时，应采取反变形措施。

（6）杆索体系结构均为不锈钢件，应由专业化公司加工制作。除两端的转接件可采用焊接外，其他部位均在工作台上采用机械连接进行拼装，并应防止表面损伤。

（7）截断后的钢索应采用挤压机进行套筒固定。

（8）支承钢结构的表面处理。除不锈钢件外，支承钢结构组装焊接后，应将焊渣清理干净，经验收合格后，进行防腐处理。

3.4 钢构件焊接

按着基本金属焊接时所处的状态和工艺特点，可以把焊接方法分为熔化焊、压力焊、钎焊三大类。

在手工生产中使用的金属材料，如：钢板、型钢等，一般采用手工电弧焊（简称手弧焊），下面以其为例具体地讲解手工电弧焊。

3.4.1　手工电弧焊的原理、特点及应用

手工电弧焊（简称手弧焊）是以焊条和焊件作为两个电极，被焊金属称为焊件或母材。

焊接时因电弧的高温和吹力作用使焊件熔化，形成一个凹槽成为熔池。随着焊条的移动熔池冷却凝固后形成焊缝。焊接后，焊缝表面覆盖的一层渣壳称为焊渣。焊条熔化末端到熔池表面的距离称为电弧长度。从焊件表面至熔池底部距离称为熔透深度。

手工电弧焊设备简单、操作灵活方便、能进行全位置焊接适合焊接各种钢材、铸铁、不锈钢、铜、铝及合金，尤其焊接厚度较大，熔点较高的材料较为方便。不足之处是生产效率低劳动强度大。

3.4.2　手弧焊所用工具、设备及电焊条

（1）设备：电焊机是常用的设备，它有直流焊机和交流焊机两大类。

（2）工具：手弧焊的主要辅助工具有电焊钳、电焊线、面罩、电焊手套、小锤等。

（3）电焊条：由焊芯、药皮两部分组成。

3.4.3　焊缝的接头形式

接头形式有对接接头、搭接接头、角接接头和 T 形接头四种，如图 3-5 所示。

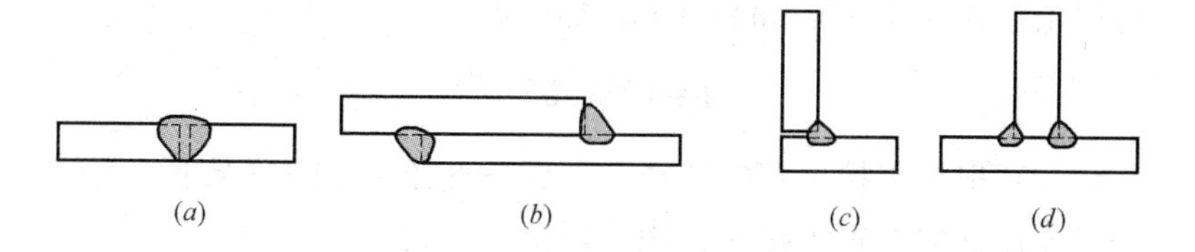

图 3-5　焊缝的接头形式

（a）对接接头；（b）搭接接头；（c）角接接头；（d）T 形接头

3.4.4 手弧焊工艺参数

为了得到一个良好的焊接接头，就必须选择合适的焊条直径、焊接电流、电弧长度和焊接速度，也就是选择合适的焊接规范。另外，电弧电压、焊接角度也是规范选择的重要因素。

1. 焊条直径

一般根据焊件的厚度、焊缝的位置、焊接层数、接头形式选择。工件厚度在 4mm 以下的采用小于或等于 2.0mm 焊条。

(1) 焊件的厚度，厚度较大的焊件应选用较大直径的焊条。

(2) 焊缝的位置，平焊时应选用较大直径的焊条。立焊、横焊、仰焊时为减小热输入，防止熔化金属下淌，应采用小直径焊条并配合小电流焊接。

(3) 焊接层数，多层焊时为保证根部焊透，第一层焊道应采用小直径焊条焊接，以后各层可以采用较大直径焊条焊接，以提高生产率。

(4) 接头形式，搭接接头、T 形接头多用作非承载焊缝，为提高生产效率应采用较大直径的焊条。

2. 焊接电流

增大焊接电流能提高生产效率。使熔深增大，但电流过大易造成焊缝咬边和烧穿等缺陷，降低接头的机械性能。焊接时，焊接电流的选择可以从以下几个方面考虑：

(1) 根据焊条直径和焊件厚度选择。焊条直径越大，焊件越厚，要求焊接电流越大。平焊低碳钢时，焊接电流 I（单位 A）与焊条直径 d（单位 mm）的关系式为：

$$I=(35\sim55)d$$

(2) 根据焊接位置的选择。在焊条直径一定的情况下，平焊位置要比其他位置焊接时选用的焊接电流大。

3. 电弧长度

电弧长度是指焊芯端部（注意：不是药皮端部）与溶池之间

的距离，电弧过长时，燃烧不稳定，熔深减少，并且容易产生缺陷，因此，操作时需采用短电弧，一般要求电弧长度不超过焊条直径。

4. 焊接速度

单位时间内完成的焊缝长度称为焊接速度。焊接速度过快或过慢都将影响焊缝的质量。

焊接速度过快，熔池温度不够，易造成未焊透、未融合和焊缝过窄等现象。若焊接速度过慢，易造成焊缝过厚、过宽或出现焊穿等现象。

掌握合适的焊接速度有两个原则：一是保证焊透；二是保证要求的焊缝尺寸。

5. 电弧电压

电弧电压的大小由弧长来决定。电弧长则电压高，电弧短则电压低。在焊接过程中应采用不超过焊条直径的短电弧。否则会出现电弧燃烧不稳、保护不好，飞溅大，熔深小，还会使焊缝产生未焊透、咬边和气孔等缺陷。

一般碱性焊条的电弧长度应为焊条直径的一半较好，酸性焊条的电弧长度应等于焊条直径。

6. 焊条角度

由于焊缝空间位置的不同，焊接时使用的焊条角度有所不同。平焊时焊条与焊件的夹角为 70°～80°，垂直于左右两个面。

7. 焊接层数的选择

在厚板焊接时，必须采用多层焊或多层多道焊。多层焊的前一条焊道对后一条焊道起预热作用，而后一条焊道对前一条焊道起热处理作用（退火和缓冷），有利于提高焊缝金属的塑性和韧性。每层焊道厚度不能大于 4～5mm。

3.4.5 电焊机的接线

手弧焊机的外部接线主要包括开关、熔断器、动力线（电网到弧焊电源）和电缆（电源到焊钳、电源到焊件）的连接，如图

3-6 所示。

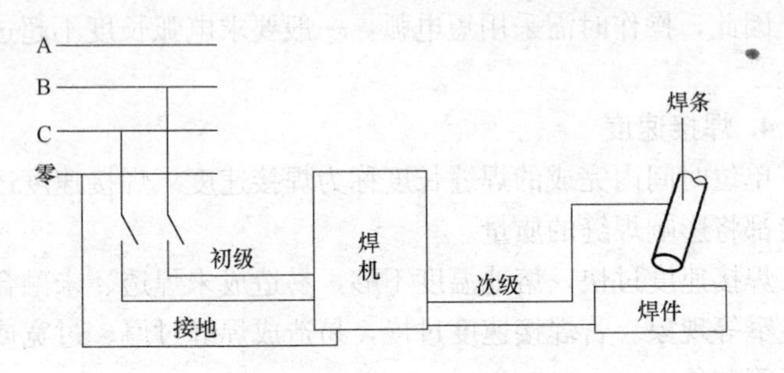

图 3-6 电焊机接线示意图

3.4.6 手弧焊的操作方法

1. 引弧

引弧是把焊条末端与焊件表面接触，使电流短路，然后再把焊条拉开一定距离（不大于 5mm）电弧即被引燃，具体操作时有直击法、划擦法两种方法。

焊条提起速度要快，否则易产生粘条，如粘条时，只需将焊条左右摇动即可脱离，为防止粘条和顺利的引燃电弧应采用轻击快提，提起的距离短（<5mm）的方法，划擦法不易粘条。

如焊条与工件接触不能起弧是焊条端部有药皮妨碍导电，应断电后将药皮清除干净，以利于导电。

2. 平焊操作

水平位置的平焊是手弧焊是最简单的基本操作，主要掌握好焊接“三度”，即电弧长度、焊接长度、焊接角度。

（1）电弧长度：焊接时，焊条送进不及时时，电弧就会拉长，影响质量，电弧的合理长度为 2～4mm，最佳长度为所使用的焊条直径。

（2）焊接速度：起弧后，形成熔池，焊条就要均匀的沿焊接方向移动，运动速度即为焊接速度。应匀速而适当，太快或太慢都会降低焊缝的外观和质量，焊速适当时，焊缝的熔宽约等于焊条直径的1.5～2倍，表面平整，波纹细密，焊速太快时，焊道窄而高，波纹粗糙，熔化不良；焊速太慢时，焊宽过大，工件易被烧穿。

（3）焊接角度：焊条与焊件两侧工件平面的夹角应当相等，如平板对接时焊条的前后角均应等于90°，而焊条与焊缝末端的夹角应为70°～80°，这样就可使焊缝深处能熔深熔透，电弧吹力还有一个作用，就是朝已焊向吹，阻碍熔渣向未焊方向流动，防止形成夹渣而影响焊缝质量。

3. 手弧焊常用运条方法

（1）直线形运条法：采用这种方法焊接时，要保持一定弧长，并沿焊接方向作不摆动的直线前进。

（2）锯齿形运条法：　锯齿形运条法是焊条端部要作锯齿形摆动，并在两边稍作停留（但要注意防止咬边）以获得合适的熔宽。

（3）环形运条法：环形运条法是焊条端部要作环形摆动。

4. 焊缝的起头

焊缝的起头是指刚开始焊接处的焊缝。这部分焊缝的余高容易增高，这是由于开始焊接时工件温度较低，引弧后不能迅速使这部分金属温度升高，因此熔深较浅，余高较大。

为减少或避免这种情况，可在引燃电弧后先将电弧稍微拉长些，对焊件进行必要的预热，然后适当压低电弧转入正常焊接。

5. 焊缝的收尾

焊缝的收尾是指一条焊缝完成时，应把弧坑填满，如果收尾时立即拉断电弧，则会形成低于焊件表面弧坑。过深的弧坑使焊缝收尾处强度减弱，容易造成应力集中而导致裂纹，焊接时通常采用三种方法：

（1）划圈收弧法：适合于厚板焊接的收尾。

（2）反复断弧收尾法：适合于薄板和大电流焊接的收尾，不适于碱性焊条。

（3）回焊收弧法：适合于碱性焊条的收尾。

3.4.7 焊接工艺安全技术

（1）焊接设备的机壳必须接地，以免由于漏电造成触电事故。

（2）焊接设备的安全修理和检查应由电工进行，焊工不得私自拆卸。

（3）为了防止焊钳与焊件之间发生短路而烧坏焊机。中断焊接时或焊接工作结束时，先将电焊钳放置在可靠安全的地方，然后将电源关掉。

（4）推拉闸刀开关时，一般要戴好干燥的皮手套，同时焊工的头部需要偏斜些，以防推拉闸刀时脸部被电弧火花灼伤。

（5）在金属结构上面或金属容器内焊接时，焊工必须穿好防护鞋，戴好皮手套，并在脚下垫上橡皮垫或其他绝缘衬垫，以保焊工与焊件之间绝缘。

（6）在潮湿的地方工作时，应穿上胶鞋或用干燥的木板作垫脚。

（7）遇到有人触电时，切不可用赤手去拉触电人员，应迅速将电流切断。

3.5 钢构件防腐涂装

3.5.1 一般规定

（1）钢结构防腐蚀涂装工程的施工，应符合现行国家标准《钢结构工程施工规范》GB 50755、《钢结构工程施工质量验收规范》GB 50205、《建筑防腐蚀工程施工及验收规范》GB 50212等的规定。

（2）施工单位应具有符合国家现行有关标准的质量管理体

系、环境管理体系和职业健康安全管理体系。施工人员应经过涂装专业培训，关键施工工序（喷射除锈、涂料喷涂、质检）的施工人员应具有《初级涂装工》以上等级的上岗证书。

（3）钢结构防腐蚀涂装工程的施工应编制施工方案或涂装专项方案，对首次进行的复合涂装作业，应先进行涂装工艺试验与评定。

工艺试验与评定的内容包括：除锈工艺参数、各道涂料之间的匹配性能、防火涂料与中间涂层、面涂层的相容性能以及所使用材料的施工工艺性能参数等。

（4）钢结构防腐蚀涂装工程所用的材料必须具有产品质量证明文件，并经验收、检验合格方可使用。产品质量证明文件应包括下列内容：

1）产品质量合格证及材料检测报告。

2）质量技术指标及检测方法。

3）复验报告或技术鉴定文件。

（5）钢结构防腐蚀涂装工程的施工，必须按设计文件的规定进行，当需要变更设计或材料代用时，必须征得设计部门的同意。

（6）钢结构防腐蚀涂装施工，除隐蔽部分外，宜在钢构件组装或预拼装工程检验批的施工质量验收合格后进行。涂装完毕后，应在构件上标注构件编号等标记。

（7）钢材表面除锈方法和除锈等级应符合设计要求。

（8）涂料、涂装道数、涂层厚度均应符合设计要求，相邻二道涂层的施工间隔时间应符合产品说明书要求。

（9）钢结构防腐蚀涂装施工的环境温度宜为5～35℃，相对湿度不应大于85%，并且钢结构的表面温度应高于周围空气的露点温度3℃以上。同时，涂装作业环境条件尚应符合涂料产品说明书的要求。

（10）钢结构防腐蚀涂装工程的施工应满足国家有关法律、法规对环境保护的要求，并应有妥善的安全防范措施。

3.5.2 钢材表面处理

（1）钢材的初始表面锈蚀等级应符合设计要求和国家现行标准《涂覆涂料前钢材表面处理表面清洁度的目视评定　第1部分：未涂覆过的钢材表面和全面清除原有涂层后的钢材表面的锈蚀等级和处理等级》GB/T 8923.1 的规定。除锈前应将钢材表面焊渣、毛刺、块锈、油污等清除干净，并保持平整、洁净。

（2）钢构件表面的除锈处理方法与其质量等级，应符合设计要求和现行国家标准《涂覆涂料前钢材表面处理表面清洁度的目视评定　第1部分：未涂覆过的钢材表面和全面清除原有涂层后的钢材表面的锈蚀等级和处理等级》GB/T 8923.1的规定。

（3）钢材边缘或局部缺陷部位及构件焊缝部位的除锈与其质量等级应符合设计要求和现行国家标准《涂覆涂料前钢材表面处理表面清洁度的目视评定　第3部分：焊缝、边缘和其他区域的表面缺陷的处理等级》GB/T 8923.3 的规定。

（4）改建、扩建工程中腐蚀严重的钢结构，需重新涂装时应先进行表面预处理，经清理后的钢结构表面，应符合设计要求和现行国家标准《涂覆涂料前钢材表面处理表面清洁度的目视评定　第2部分：已涂覆过的钢材表面局部清除原有涂层后的处理等级》GB/T 8923.2 的规定。表面预处理可采用下列方法：

1）被油脂污染的钢结构表面，可采用有机溶剂、热碱或乳化剂以及烘烤等方法去除。

2）被氧化物污染或附着有旧涂层的钢结构表面，可采用铲除、烘烤等方法清理。

3）表面铁锈和原有失效涂层可采用局部手工或工具清理、局部喷射清理等方法消除。

（5）采用防腐蚀涂料涂装时，构件钢材除锈后表面粗糙度宜为 30～75μm，且最大粗糙度不宜超过 100μm；当采用金属热喷涂和热镀锌防腐时，表面粗糙度宜为 30～50μm。

（6）喷射清理所用的磨料必须清洁、干燥。磨料的种类和粒度应根据钢结构表面的原始锈蚀程度、设计文件或涂装专项方案所要求的喷射工艺以及清洁度和表面粗糙度进行选择。壁厚大于或等于 4mm 的钢构件可选用粒度为 0.5～1.5mm 的磨料，壁厚小于 4mm 的钢构件宜选用粒度较小的磨料。

（7）表面清理后应用干燥洁净的压缩空气清除浮尘和碎屑，已经处理的钢结构表面，不得再次被污染。

（8）热镀锌、热喷锌（或铝）的钢材表面宜采用酸洗除锈，并符合下列规定：

1）经酸洗处理后，钢材表面应无可见的油脂和污垢，酸洗未尽的氧化皮、铁锈和涂层的个别残留点，允许用手工或机械方法除去，最终该表面应显露金属原貌，并在酸洗后立即进行钝化处理。

2）采用酸洗除锈的钢材表面必须彻底清洗，在构件角、槽处不得有残酸存留。

3）钢材表面经酸洗除锈后应及时涂装，经酸洗并钝化后到涂装底涂的间隔时间不宜大于 48h（室内作业条件）或 24h（室外作业条件）。

4）酸洗后的废液应按国家有关规定采用中和液等有效方法进行妥善处理。

3.5.3 涂装施工

（1）钢结构防腐蚀涂装施工工艺应根据所用涂料的物理性能和施工环境条件进行选择，并符合产品说明书的规定。防腐蚀涂装工程的涂装专项方案应对施工方法、技术要求、工艺参数、施工程序、质量控制与检验、安全与环保措施等内容作出规定。

（2）所有进场的涂装材料，应经现场复检合格后方可使用。同一涂装配套中的底涂料、中间涂料，面涂料，宜选用同一厂家产品。

（3）涂料的涂装施工，可采用刷涂、滚涂、喷涂或无气喷涂，宜采用无气喷涂。涂层厚度必须均匀，并不得漏涂或误涂。

（4）钢结构防腐蚀涂装施工时的环境条件，应符合涂料产品说明书的要求和下列规定：

1）当产品说明书对涂装环境温度和相对湿度未作规定时，环境温度宜控制在5～35℃之间，相对湿度不应大于85%，钢材表面温度应高于周围空气露点温度3℃以上，且钢材表面温度不超过40℃。

2）被涂装构件表面不允许有凝露，涂装后4h内应予保护，避免淋雨和沙尘侵袭。

3）遇雨、雾、雪和大风天气应停止露天涂装，应尽量避免在强烈阳光照射下施工，风力超过5级或者风速超过8m/s时，不宜使用无气喷涂。

（5）钢材表面除锈后不得二次污染，并宜在4h之内进行涂装作业，在车间内作业或湿度较低的晴天作业时，间隔时间不应超过8h。同时，不同涂层间的施工应有适当的重涂间隔，最大及最小重涂间隔时间应参照涂料产品说明书确定。涂装施工结束，涂层应在自然养护期满后方可使用。

（6）工地焊接部位的焊缝两侧宜采用坡口涂料临时保护，若采用其他防腐涂料时，宜在焊缝两侧留出暂不涂装区，其宽度为焊缝两侧各100mm。

3.5.4 金属热喷涂施工

（1）铝、铝合金或锌合金热喷涂工艺与质量要求，应符合现行国家标准《金属和其他无机覆盖层热喷涂锌、铝及其合金》GB/T 9793、《钢结构腐蚀防护热喷涂锌、铝及其合金涂层选择与应用导则》GB/T 8427、《金属覆盖层钢铁制品热镀锌层技术要求》GB/T 13193的规定。

（2）进场的喷涂金属材料（锌粉、铝粉）、封闭涂料、面层涂料等应经检验合格后方可使用。

（3）钢构件金属热喷涂方法宜采用无气喷涂工艺，也可采用有气喷涂或电喷涂工艺。各项热喷涂施工作业指导书应对工艺参数（热源参数、雾化参数、操作参数、基表参数等）、喷涂环境条件及间隔时限等作出规定。

（4）首次进行热喷涂金属施工时，应先进行喷涂工艺试验评定，其内容应包括涂层厚度、结合强度、耐蚀性能、密度试验、扩散层检查与外观检查等。

（5）构件钢材表面经喷射处理后，其表面不得二次污染，并应在规定的时间内进行热喷涂作业。在晴天或湿度不大的环境条件下，间隔时间不应超过 8h；在潮湿或含盐雾环境条件下，不应超过 2h。当大气温度低于 5℃、钢结构表面温度与周围空气露点温度之差低于 3℃或者空气相对湿度高于 85％时，应停止热喷涂操作。

（6）金属热喷涂采用的压缩空气应干燥、洁净；喷枪与表面宜成一定的倾角，喷枪的移动速度应均匀，各喷涂层之间的喷涂方向应相互垂直，交叉覆盖。一次喷涂厚度宜为 25～80μm，同一层内各喷涂带之间应有 1/3 的重叠宽度。

（7）钢结构的现场焊缝两侧，应预留 100mm 宽度用坡口涂料临时保护，当工地拼装焊接后，对预留部分应按相同的技术要求重新进行表面清理和喷涂施工，或以冷镀锌、富锌底涂等进行补涂。

（8）金属热喷涂层表面应以封闭涂料进行封闭。封闭涂料宜选用渗透性强，抗机械破坏性好并对湿气不敏感的构造。

3.5.5 安全和环境保护

（1）钢结构防腐蚀涂装施工作业的安全和环境保护，应符合现行国家标准《涂装作业安全规程涂漆工艺安全及其通风净化》GB 6514、《涂漆作业安全规程安全管理通则》GB 7691、《涂装作业安全规程涂漆前处理工艺安全及其通风净化》GB 7692、《金属和其他无机覆盖层热喷涂操作安全》GB 11375、《建筑防腐蚀工程施工及验收规范》GB 50212 的规定。施工前应制定严格的安全劳保操作规程和环境卫生措施，确保安全、文明施工。

（2）参加涂装作业的操作和管理人员，应持证上岗，施工前必须进行安全技术培训，施工人员必须穿戴防护用品，并按规定佩戴防毒用品。

（3）涂料、稀释剂和清洁剂等易燃、易爆和有毒材料应进行严格的管理，应存放在通风良好的专用库房内，不得堆放在施工现场。同时，施工现场和库房必须设置消防器材，并保证消防水源的充足供应，消防道路应畅通。

（4）施工现场应有通风排气设备。现场有害气体、粉尘不得超过表 3-9 规定的最高允许浓度。

施工现场有害气体、粉尘的最高允许浓度　　表 3-9

物质名称	最高允许浓度（mg/m^3）	物质名称	最高允许浓度（mg/m^3）
二甲苯	100	丙酮	400
甲苯	100	溶剂汽油	300
苯乙烯	40	含 50%～80%游离二氧化硅粉尘	1.5
乙醇	1500	含 80%以上游离二氧化硅粉尘	1
环己酮	50	—	—

（5）防腐蚀涂料和稀释剂在运输、储存、施工及养护过程中，不得与酸、碱等化学介质接触，并应防尘、防暴晒。

（6）在易燃易爆区严禁有电焊或明火操作，并严禁携带火种和易产生火花与静电的物品。

（7）所有电器设备应绝缘良好，密闭空间涂装作业应使用防爆灯和磨具，安装防爆报警装置，涂装作业现场严禁电焊等明火作业。

（8）高处作业时，使用的脚手架、吊架、靠梯和安全带等必须经检查合格后，方可使用。

4 玻璃面板加工制作

4.1 材料要求

（1）幕墙玻璃的外观质量和性能应符合下列国家现行标准的规定：

《平板玻璃》GB 11614；

《中空玻璃》GB/T 11944；

《建筑用安全玻璃　第1部分：防火玻璃》GB 15763.1；

《建筑用安全玻璃　第2部分：钢化玻璃》GB 15763.2；

《建筑用安全玻璃　第3部分：夹层玻璃》GB 15763.3；

《建筑用安全玻璃　第4部分：均质钢化玻璃》GB 15763.4；

《半钢化玻璃》GB/T 17841；

《镀膜玻璃》GB/T 18915.1～2；

《釉面钢化及釉面半钢化玻璃》JC/T 1006；

《真空玻璃》JC/T 1079；

《超白浮法玻璃》JC/T 2128。

（2）幕墙的玻璃面板，除夹层玻璃外应选用钢化超白浮法玻璃、均质钢化玻璃及其制品。

（3）离线法生产的镀膜玻璃应采用真空磁控阴极溅射法生产工艺；在线法生产的镀膜玻璃应采用热喷涂法生产工艺。采用单片低辐射镀膜玻璃时，应使用在线热喷涂低辐射镀膜玻璃；离线镀膜的低辐射镀膜玻璃应加工成中空玻璃或真空玻璃使用，且镀膜面应朝向中空气体层或真空层。

（4）幕墙采用中空玻璃时，除应符合现行国家标准《中空玻璃》GB/T 11944 的有关规定外，尚应符合下列要求：

1）幕墙用中空玻璃气体层厚度不应小于 12mm。

2）中空玻璃应采用双道密封。第一道密封应采用丁基热熔密封胶，其性能应符合现行行业标准《中空玻璃用丁基热熔密封胶》JC/T 914 的规定。隐框、半隐框玻璃幕墙和点支承玻璃幕墙用中空玻璃的第二道密封胶应采用硅酮结构密封胶，其性能应符合现行国家标准《建筑用硅酮结构密封胶》GB 16776 的规定；明框玻璃幕墙用中空玻璃的第二道密封胶可采用聚硫密封胶、聚氨酯密封胶或硅酮密封胶。

3）中空玻璃的间隔框可采用金属间隔框或金属与高分子材料复合间隔框，间隔框可连续折弯或插角成型，不得使用热熔型间隔胶条。间隔框中的干燥剂宜采用专用设备装填与密封。

4）中空玻璃内、外片尺寸不同时，内、外片长度差不宜大于外片玻璃厚度的 5 倍。

(5）真空玻璃内部支撑材料应为金属材料或无机非金属材料。

(6）真空玻璃边缘封接材料宜采用低熔焊接玻璃粉。

(7）真空玻璃中应放置吸气材料。

(8）幕墙用真空玻璃，宜采用钢化真空玻璃或复合钢化真空玻璃。

4.2 加工要求

(1）玻璃的加工和深加工应由玻璃生产厂家根据幕墙施工单位的工艺图完成。

(2）单片玻璃、夹层玻璃、中空玻璃应分别符合现行国家标准《建筑用安全玻璃第 2 部分：钢化玻璃》GB 15763.2、《建筑用安全玻璃第 3 部分：夹层玻璃》GB 15763.3、《中空玻璃》GB/T 11944 的规定。幕墙的单片钢化玻璃、夹层玻璃、中空玻璃的加工精度应符合下列要求：

1）单片钢化玻璃的尺寸允许偏差应符合表 4-1 的规定。

单片钢化玻璃的尺寸允许偏差（mm） 表 4-1

项目	玻璃厚度	玻璃边长 $L\leqslant2000$	玻璃边长>2000
边长	6,8,10,12	±1.5	±2.0
	15,19	±2.0	±3.0
对角线差	6,8,10,12	≤2.0	≤3.0
	15,19	≤3.0	≤3.5

注：本表摘自现行行业标准《玻璃幕墙工程技术规范》JGJ 102—2003。

2）夹层玻璃的尺寸允许偏差应符合表 4-2 的规定。

夹层玻璃的尺寸允许偏差（mm） 表 4-2

项目		允许偏差
边长	$L\leqslant2000$	±2.0
	$L>2000$	±2.5
对角线差	$L\leqslant2000$	≤2.5
	$L>2000$	≤3.5
叠差	$L<1000$	±2.0
	$1000\leqslant L<2000$	±3.0
	$2000\leqslant L<4000$	±4.0
	$L\geqslant4000$	±6.0

注：本表摘自现行行业标准《玻璃幕墙工程技术规范》JGJ 102—2003。

3）中空玻璃的尺寸允许偏差应符合表 4-3 的规定。

（3）幕墙玻璃应进行机械磨边处理，磨轮的目数应在 180 目以上。点支承幕墙玻璃的孔、板边缘均应进行磨边和倒棱，磨边宜细磨，倒棱宽度不宜小于 1mm。

玻璃在裁切时，其刀口部位会产生很多大小不等的锯齿状凹凸，引起边缘应力分布不均匀，玻璃在运输、安装过程中以及安装完成后，由于受各种作用的影响，容易产生应力集中，导致玻璃破碎；另一方面，半隐框幕墙的两个玻璃边缘和隐框幕墙的四个玻璃边缘都是显露在外部，如不进行倒棱处理，还会影响幕墙的整齐、美观。

中空玻璃的尺寸允许偏差（mm）　　表 4-3

项目		允许偏差
边长	$L<1000$	±2.0
	$1000\leqslant L<2000$	+2.0，−3.0
	$L\geqslant 2000$	±3.0
对角线差	$L\leqslant 2000$	≤2.5
	$L>2000$	≤3.5
厚度	$t<17$	±1.0
	$17\leqslant t<22$	±1.5
	$t\geqslant 22$	±2.0
叠差	$L<1000$	±2.0
	$1000\leqslant L<2000$	±3.0
	$2000\leqslant L<4000$	±4.0
	$L\geqslant 4000$	±6.0

注：本表摘自现行行业标准《玻璃幕墙工程技术规范》JGJ 102—2003。

（4）玻璃弯曲加工后，其每米弦长内拱高的允许偏差为±3.0mm，且玻璃的曲边应顺滑一致；玻璃直边的弯曲度，拱形时不应超过0.5%，波形时不应超过0.3%。

（5）全玻幕墙的玻璃加工应符合下列要求：

1）玻璃边缘应倒棱并细磨，外露玻璃的边缘应抛光磨。

2）采用钻孔安装时，孔边缘应进行倒角处理，并不应出现崩边。

（6）点支承玻璃加工应符合下列要求：

1）玻璃面板及其孔洞边缘均应倒棱和磨边，倒棱宽度不宜小于1mm，磨边宜细磨。

2）玻璃切角、钻孔、磨边应在钢化前进行。

3）玻璃加工的允许偏差应符合表4-4的规定：

点支承玻璃加工允许偏差（mm）　　表 4-4

项目	边长尺寸	对角线差	钻孔位置	孔距	孔轴与玻璃平面垂直度
允许偏差	±1.0mm	≤2.0mm	±0.8mm	±1.0mm	±12′

注：本表摘自现行行业标准《玻璃幕墙工程技术规范》JGJ 102—2003。

4）中空玻璃开孔后，开孔处应采取多道密封措施。

5）夹层玻璃、中空玻璃的钻孔可采取大、小孔相对的方式。

（7）幕墙采用夹层玻璃时，宜采用干法加工合成，其夹片宜采用聚乙烯醇缩丁醛（PVB）胶片或聚乙烯甲基丙烯酸酯胶片（离子性胶片）；夹层玻璃合片时，应严格控制温度、湿度和环境洁净度。外露的 PVB 夹层玻璃边缘应进行封边处理。

（8）镀膜玻璃应根据其镀膜材料的粘结性能和技术要求，确定加工制作工艺，镀膜与硅酮结构密封胶不相容时，应除去镀膜层。

4.3 玻璃面板加工

1. 玻璃磨边、倒角

（1）玻璃面板孔洞的边缘和板的边缘都应磨边及倒角，磨边宜用精磨，倒棱宽度宜不小于 1mm。

（2）玻璃边缘至孔中心的距离 c 不应小于 2.5d（d 为玻璃孔径），也不应小于 90mm，如图 4-1 所示。

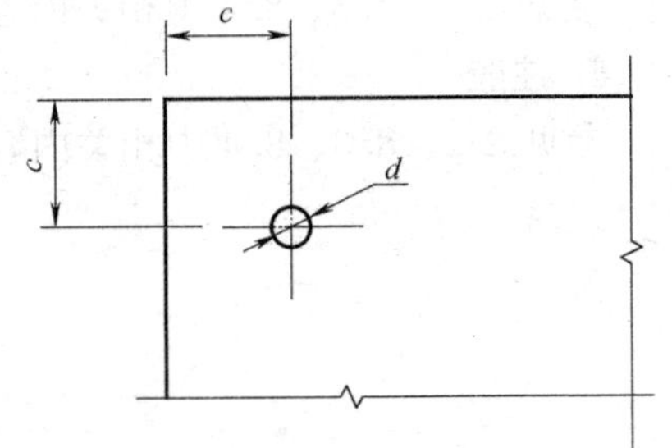

图 4-1 开孔至玻璃边缘的距离

（3）玻璃板块的周边，必须用磨边机加工，应采用 45°倒角，倒角尺寸不应少于 1.5mm。角部尖点倒角圆弧半径 R 应在 1～5mm 范围内，如图 4-2 所示。

（4）经磨边后的玻璃板块边缘不应出现爆边、缺角、裂纹等缺陷。

（5）中空玻璃开孔后，开孔处应采取多道密封措施。

（6）夹层玻璃的钻孔可采用大、小孔相对的方式。

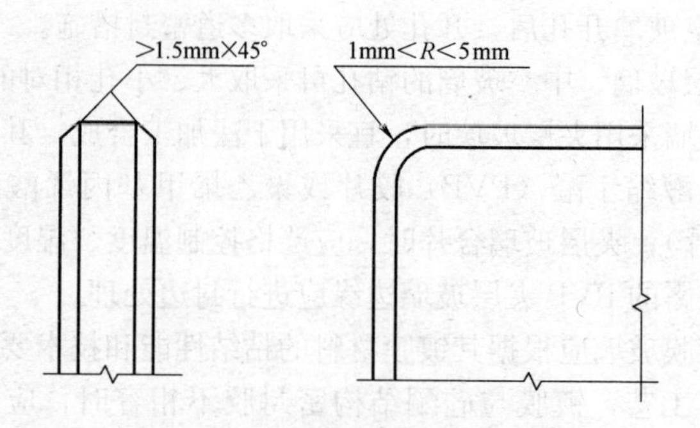

图 4-2　玻璃板块的周边倒角

2. 玻璃面板框架制作、组装

参见 8.2、8.3、8.4 中相关内容。

3. 玻璃表面清洗

参见 8.2、8.3、8.4 中相关内容。

4. 玻璃定位

参见 8.2、8.3、8.4 中相关内容。

5. 注胶

参见 8.2、8.3、8.4 中相关内容。

5 石板加工制作

5.1 材料要求

（1）石材面板的技术、质量要求应符合现行国家标准《天然花岗石建筑板材》GB/T 18601、《天然大理石建筑板材》GB/T 19766、《天然砂岩建筑板材》GB/T 23452 和《天然石灰石建筑板材》GB/T 23453 的规定。

（2）幕墙用石材宜选用花岗石，可选用大理石、石灰石、石英砂岩等。石材面板应符合表 5-1 的要求。

石材面板的弯曲强度、吸水率、最小厚度和单块面积要求

表 5-1

项目	天然花岗石	天然大理石	其他石材	
（干燥及水饱和）弯曲强度标准值（MPa）	≥8.0	≥7.0	≥8.0	8.0≥f≥4.0
吸水率（%）	≤0.6	≤0.5	≤5	≤5
最小厚度（mm）	≥25	≥35	≥35	≥40
单块面积（m²）	不宜大于 1.5	不宜大于 1.5	不宜大于 1.5	不宜大于 1.0

注：本表摘自现行国家标准《建筑幕墙》GB/T 21086—2007。

（3）石材面板应进行表面及沟槽防护处理，防护液不得污染石材。

选用花岗石或大理石做幕墙面板材料的建筑越来越多，但是幕墙石材都有一些微小的孔隙。由于材料种类不同，内部化学成分也不同。自然环境中的雨雪等酸性物质以及空气中诸如二氧化硫等腐蚀性气体侵袭时，污染物会通过石材表面的微孔造成腐蚀和污染。

防止石材污染可通过涂刷或喷涂石材防护（养护）液的办法，这样可以防止污染源的入侵。目前市场上养护剂的种类有很多，故要针对不同的石材品种和部位，选择不同配方、合格、合适的养护剂，同时还要保证正确操作方法。

（4）石材的放射性核素限量应符合现行国家标准《建筑材料放射性核素限量》GB 6566 中 A 级、B 级和 C 级的规定。

（5）花岗石板材的弯曲强度应经法定检测机构检测确定，其弯曲强度不应小于 8.0MPa。

（6）石材表面应采用机械进行加工，加工后的表面应用高压水冲洗或用水和刷子清理，严禁用溶剂型的化学清洁清洗石材。

（7）用于严寒地区和寒冷地区的石材，其冻融系数不宜小于 0.8。

（8）岩浆岩石材面板宜进行表面防护处理，非岩浆岩石材面板应进行表面防护处理。防护处理应在石材面板机械加工、加工面清洗和干燥完成后进行。

5.2 加工要求

（1）幕墙石材荒料应满足现行行业标准《天然花岗石荒料》JC/T 204 和《天然大理石荒料》JC/T 202 等相关规范的要求，色调、花纹、颗粒结构等应基本一致，宜选用同一矿源的岩石进行加工。

（2）石板连接部位正反两面均不应出现崩缺、暗裂、窝坑等缺陷。

（3）异型材、板的加工应符合设计要求。

（4）幕墙竖向构件和横向构件的加工允许偏差应符合表 5-2 的要求。

（5）板材外形尺寸允许误差应符合表 5-3 的要求。

（6）板材正面的外观应符合表 5-4 要求。

幕墙框架竖向构件和横向构件的尺寸允许偏差（mm）表 5-2

构件	材料	允许偏差	检测方法
主要竖向构件长度	铝型材	±1.0	钢卷尺
	钢型材	±2.0	钢卷尺
主要横向构件长度	铝型材	±0.5	钢卷尺
	钢型材	±1.0	钢卷尺
端头斜度	—	−15′	量角器

石材面板外形尺寸允许误差（mm） **表 5-3**

项目	长度、宽度	对角线差	平面度	厚度	检测方法
亚光面、镜面板	±1.0	±1.5	1	+2.0 −1.0	卡尺
粗面板	±1.0	±1.5	2	+3.0 −1.0	卡尺

注：本表摘自现行国家标准《建筑幕墙》GB/T 21086−2007。

每块板材正面外观缺陷的要求 **表 5-4**

项目	规 定 内 容	质量要求
缺棱	长度不超过 10mm，宽度不超过 1.2mm（长度小于 5mm 不计，宽度小于 1.0 不计），周边每米长允许个数（个）	1个
缺角	面积不超过 5mm×2mm（面积小于 2mm×2mm 不计），每块板允许个数（个）	1个
色斑	面积不超过 20mm×30mm，（面积小于 10mm×10mm 不计），每块板允许个数（个）	1个
色线	长度不超过两端顺延至板边总长的 1/10，（长度小于 40mm 的不计），每块板允许条数（条）	2条
裂纹	—	不允许
窝坑	粗面板的正面出现窝坑	不明显

注：本表摘自现行国家标准《建筑幕墙》GB/T 21086−2007。

（7）石材面板宜在工厂加工，安装槽、孔的加工尺寸及允许误差应符合表 5-5、表 5-6 的要求。

石材面板通槽（短平槽、弧形短槽）、短槽和碟形背卡槽允许偏差（mm）　表 5-5

项目	通槽（短平槽、弧形短槽）		短槽		碟形背卡		检测方法
	最小尺寸	允许偏差	最小尺寸	允许偏差	最小尺寸	允许偏差	
槽宽度	7.0	±0.5	7.0	±0.5	3	±0.5	卡尺
槽有效长度（短平槽槽底处）	—	±2	100	±2	180	—	卡尺
槽深（槽角度）	—	槽深/20	—	矢高/20	45°	+5° 0	卡尺量角器
两（短平槽）槽中心线距离（背卡上下两组槽）	—	±2	—	±2	—	±2	卡尺
槽外边到板端边距离（碟形背卡外槽到与其平行板端边距离）	—	±2	不小于板材厚度和85，不大于180	±2	50	±2	卡尺
内边到板端边距离	—	±3	—	±3	—	—	卡尺
槽任一端侧边到板外表面距离	8.0	±0.5	8.0	±0.5	—	—	卡尺
槽任一端侧边到板内表面距离（含板厚偏差）	—	±1.5	—	±1.5	—	—	卡尺
槽深度（有效长度内）	16	±1.5	16	±1.5	垂直10	+2 0	深度尺

续表

项目	通槽(短平槽、弧形短槽)		短槽		碟形背卡		检测方法
	最小尺寸	允许偏差	最小尺寸	允许偏差	最小尺寸	允许偏差	
背卡的两个斜槽石材表面保留宽度	—	—	—	—	31	±2	卡尺
背卡的两个斜槽槽底石材保留宽度	—	—	—	—	13	±2	卡尺

注：本表摘自现行国家标准《建筑幕墙》GB/T 21086—2007。

石材面板孔加工尺寸及允许误差（mm） **表 5-6**

石材面板固定形式		孔径		孔中心线到板边的距离	孔底到板面保留厚度		检测方法
		孔类别	允许误差		最小尺寸	误差	
背栓式	M6	直孔	+0.4 −0.2	最小 50	8.0	−0.4 +0.1	卡尺 深度尺
		扩孔	±0.3 软质石材+1/−0.3				
	M8	直孔	+0.4 −0.2				
		扩孔	±0.3 软质石材+1/−0.3				

注：本表摘自现行国家标准《建筑幕墙》GB/T 21086—2007。

5.3 石材加工

5.3.1 石材钻孔

图 5-1 为石材饰面打孔示意图，石材的开槽打孔应符合下列要求：

（1）石材开槽、打孔后，应进行孔壁、槽口的清洁处理，清洁时不得采用有机溶剂型清洁剂。

（2）石板应以正面和上端面作为开槽、开孔的基准面。

（3）石材开槽、打孔后不得有损坏或崩裂现象。

1）使用专用的钻模板，按图纸要求或工艺要求选择定位基准，用钻床或手电钻钻孔，并用水冷却水量充足，保证连续，注意保持钻头与石材端面垂直，用带合金刀头的钻头钻孔，钻孔时

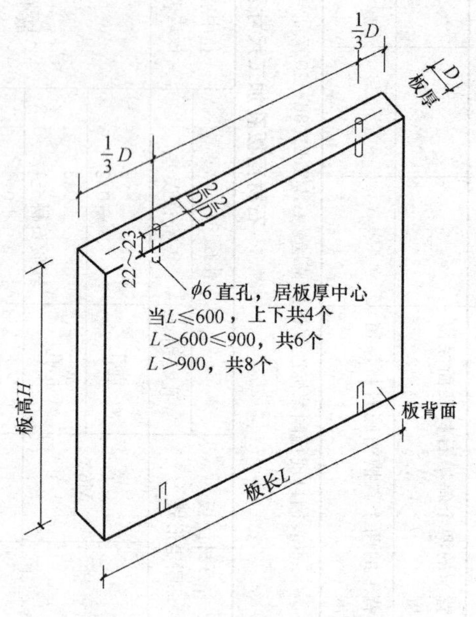

图 5-1　石材饰面打孔示意图

钻头不发热。控制钻孔速度不能过快。

2）石材孔加工完成后，要将石材清理擦拭干净，放在表面有软连接的专用托架上，标识清楚产品、并摆放整齐移交下序。

5.3.2 短槽、通槽连接的石材加工

（1）石材幕墙采用开放式时宜采用 06Cr17Ni12Mo2[a]（S31608）材质的连接挂件；采用封闭式时宜采用 06Cr19Ni10[a]（S30408）材质的连接挂件。

（2）金属挂件安装到石材槽口内，在石材胶固化前应将挂件做临时固定，两头翻（上下翻）式干挂件，如图 5-2 所示。

图 5-2 两头翻（上下翻）式干挂件

（3）应在工厂采用机械开槽方式加工。除个别增补槽口外，不应在现场开槽。

（4）用样板划线准确。以装饰面定位按线加工，如手工切槽时要注意槽口与装饰面平行。切槽时要加足够的冷却水，并均匀用力，切到图纸规定的尺寸。

（5）石材板开槽后不得有损坏或崩裂现象，槽口应打磨成45°倒角。

（6）将切槽完工后的石材内外表面及槽内清理干净，放在有软垫块的专用工位器具架上，并摆放整齐移交下序。

5.3.3 钢销式安装的石板加工

（1）钢销的孔位应根据石板的大小而定。孔位距离边端不得小于石板厚度的 3 倍，也不得大于 1800mm；钢销间距不宜大于600mm；边长不大于 1.0m 时每边应设两个钢销，边长大于1.0m 时，应采用复合连接。

（2）石板的钢销孔深度宜为 22～23mm，孔的直径宜为 7mm 或 8mm，钢销直径宜为 5mm 或 6mm，钢销长度宜为 20～30mm。

（3）石板的钢销孔处不得有损坏或崩裂现象，孔径内应光滑、洁净。

5.3.4 背栓连接式石板加工操作

（1）石材幕墙采用空缝及结构密封时宜采用 06Cr17Ni12Mo2[a]（S31608）材质的背栓，材料密封时宜采用 06Cr19Ni10[a]（S30408）材质的背栓。

（2）背栓的螺纹应符合现行国家标准《普通螺纹基本牙型》GB/T 192、《普通螺纹直径与螺距系列》GB/T 193、《普通螺纹基本尺寸》GB/T 196 和《普通螺纹公差》GB/T 197 标准的要求。

（3）背栓使用的不锈钢螺母应符合现行国家标准《紧固件机械性能不锈钢螺母》GB/T 3098.15 的规定。

（4）幕墙石材用背栓可采用压入扩张或旋转扩张的背栓，但应控制背栓的扩张程度，防止扩张不足或扩张过度。

（5）背栓与背栓孔间宜采用尼龙等间隔材料，防止硬性接触。

（6）普通钻孔操作方法：

1）正确选择金刚石钻头，按图纸要求调好钻孔深度。

2）根据石材的硬度不同，设定钻孔转数及进给量。

3）检查钻孔冷却水流及流量。空车检查 X、Y 坐标是否归零。

4）用喷头将工作台清洗干净，将石材轻轻放入工作台，选择光洁垂直的两个边为 X 轴、Y 轴定位边，选择手动加工或自动加工程序，程序设定无误后启动加工键，即可自动完成加工。在加工过程中要精神集中，遇石材中有硬点裂纹或机床有异常响声立即停机检查。

（7）专用石材背栓钻孔设备。

用专用石材背栓钻孔设备对石材板进行成孔作业，在石材板背面上下两边进行磨孔，孔位距边缘100～180mm；横向间距不宜大于600mm。背栓钻孔设备切削孔转速最高为12000r/min，自动升频；设备使用与背栓型号、连接形式匹配的钻头，利用气压成孔技术进行磨孔、拓孔，对石材板不会造成损伤。石材板成孔后，对孔径、孔深、拓底孔进行检查，在拓孔成型以后，为了保证孔的深度和孔的大小能够满足使用的要求，必须对孔进行检测，可以使用卡尺亦可以使用成孔测量器（图5-3），合格后方能安装背栓。

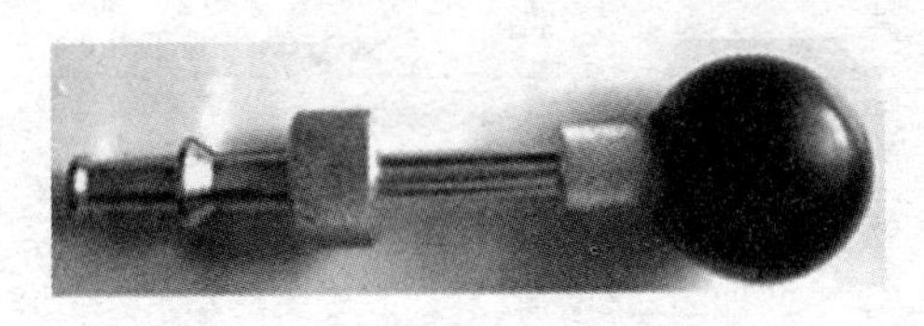

图5-3　成孔测量器

5.3.5　石材组拼加工

背栓及铝合金挂件，如图5-4所示。石材组拼加工应符合下列要求：

（1）石材转角组拼应采用不锈钢销、铝合金连接片或其他机械连接分别加环氧胶粘剂相结合的连接方式，严禁无销粘接。

（2）较大尺寸的转角组拼除采用上述方法进行连接以外，还应在组拼的石材背面阴角或阳角处加设不锈钢或铝合金型材支承件组装固定，并应符合下列要求：

1）不锈钢、铝合金型材支承件的截面尺寸应符合设计要求。

2）支承组件的间距不宜大于500mm，支承组件的数量不宜少于3个。

5.3.6　石材的防护

（1）防护剂的质量应符合现行行业标准《建筑装饰用天然石

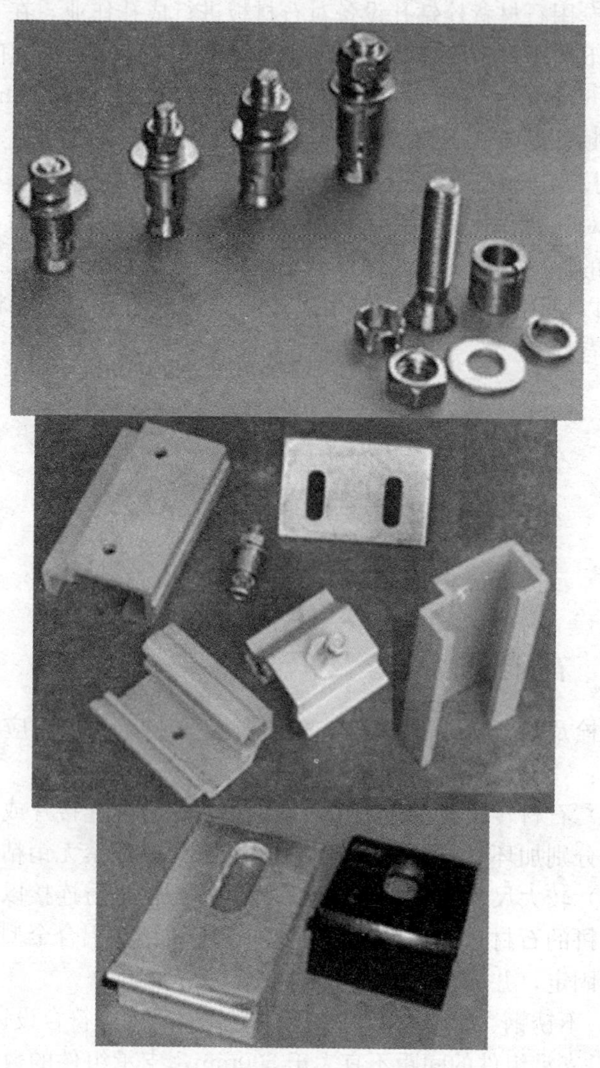

图 5-4　背栓及铝合金挂件

材防护剂》JC/T 973 的规定。

（2）防护剂应有使用说明书，防水性、耐碱性、透气性、渗透性及耐候性检测报告以及与密封胶、锚固胶的相容性检验报告。

（3）石材防护剂的选用应根据石材的种类、污染源的类型合理地进行选用，并符合设计要求。

（4）石材防护施工处理应在工厂进行。

（5）选择溶剂型防护剂时应满足建筑防火要求。

（6）防护剂涂装前，石材面板应在所有加工完成后经过充分自然干燥；应采取措施确保石板被防护的表面清洁、无污染。

（7）防护工作应在洁净环境中进行，温湿度条件应符合防护剂的技术要求。

（8）防护处理后的石板，在防护作用生效前不得淋水或遇水。

5.3.7 石材的修补

（1）修补后的石材不能降低整体石材的力学性能，且主受力部位不得使用修补后的石材。

（2）修补后的石材，正面不应有明显的痕迹，色泽应与正面石材相近似。

（3）对天然大理石进行粘接修补时宜采用原石粉进行调配，不允许使用纯胶进行修补。

（4）石材修补时调胶比例一定要正确并避免水源和灰尘污染。

（5）石材的局部粘补和修补工作应回工厂完成。

5.3.8 单元石板幕墙的加工组装

（1）有防火要求的全石板幕墙单元，应将石板、防火板、防火材料按设计要求组装在铝合金框架上。

（2）有可视部分的混合幕墙单元，应将玻璃板、石板、防火板及防火材料按设计要求组装在铝合金框架上。

（3）幕墙单元内石板之间可采用铝合金 T 形连接件连接；T 形连接件的厚度应根据石板的尺寸及重量经计算后确定，且其最小厚度不应小于 4.0mm。

（4）幕墙单元内，边部石板与金属框架的连接，可采用铝合金 L 形连接件，其厚度应根据石板尺寸及重量经计算后确定，且其最小厚度不应小于 4.0mm。

5.3.9 编号检查、存放

（1）石材荒料、毛板、工程板出厂前应进行编号；工程板加工前应按照石材编号顺序进行预拼，对纹、选色、排开色差后进行编号。石材的编号应与设计一致，不得因加工造成混乱。

（2）石材的尺寸、形状、花纹图案、色泽等均应符合设计要求，花纹图案和色泽应按样板检查，单板及排版后的石材感观效果不宜有明显的色差。

（3）已加工好的石板应立存放于通风良好的仓库内，其角度不应小于 85°。

6 金属板加工制作

6.1 材料要求

(1) 金属板幕墙可按建筑设计的要求，选用单层铝板、铝塑复合板、蜂窝铝板、彩色钢板、搪瓷涂层钢板、不锈钢板、锌合金板、钛合金板、铜合金板作为面板材料。面板与支承结构相连接时，应采取措施避免双金属接触腐蚀。

(2) 铝合金幕墙应根据幕墙面积，使用年限及性能要求，分别选用铝合金单板（简称单层铝板)，铝塑复合板、铝合金蜂窝板（简称蜂窝铝板)。铝合金板材应达到国家相关标准及设计的要求，并应有出厂合格证。

(3) 铝单板是当前幕墙工程中被广泛使用的一种材料，铝板的厚度通常有 2mm、2.5mm、3mm，表面一般进行氟碳喷涂处理，有些也进行喷粉或喷丙烯酸。通常是用先用机械设备加工钣金，然后打磨 、喷涂。单层铝板宜采用铝锰合金板、铝镁合金板，并应符合下列国家现行标准的规定：

《一般工业用铝及铝合金板、带材》GB/T 3880.1～3；

《变形铝及铝合金牌号表示方法》GB/T 16474；

《变形铝及铝合金状态代号》GB/T 16475；

《变形铝及铝合金化学成分》GB/T 3190；

《建筑装饰用铝单板》GB/T 23443；

《铝幕墙板　第 1 部分：板基》YS/T 429.1；

《铝幕墙板　第 2 部分：有机聚合物喷涂铝单板》YS/T 429.2；

《铝及铝合金彩色涂层板、带材》YS/T 431。

(4) 不锈钢板作幕墙面板，当为平板时，其截面厚度不宜小于2.5mm，其他装饰性不锈钢板的厚度不宜小于1.5mm。

（5）彩色涂层钢板应符合现行国家标准《彩色涂层钢板及钢带》GB/T 12754的规定。基材钢板宜镀锌，板厚不宜小于1.5mm，并应具有适合室外使用的氟碳涂层、聚酯涂层或丙烯酸涂层。

（6）搪瓷涂层钢板不应在现场开槽或钻孔，其外观质量和技术要求应符合现行行业标准《建筑装饰用搪瓷钢板》JG/T 234的规定。

（7）铝塑板由多层材料高温复合而成，上、下层为高强度铝合金板或纯铝板，中间层为无毒低密度聚乙烯PE材料。铝塑复合板应符合现行国家标准《建筑幕墙用铝塑复合板》GB/T 17748的有关规定，并应符合下列要求：

1）截面厚度不应小于4mm。内、外两层铝合金板宜采用铝锰合金板，其厚度不应小于0.5mm，厚度允许偏差为±0.02mm。

2）铝合金板与复合夹芯层的剥离强度应按现行国家标准《夹层结构滚筒剥离试验方法》GB/T 1457的规定采用滚筒剥离试验方法进行测试，其平均值不应小于130N·mm/mm，其最小值不应小于120N·mm/mm。

3）铝塑复合板所用芯材应符合现行国家标准《建筑设计防火规范》GB 50016和《高层民用建筑设计防火规范》GB 50045的相关规定。

（8）铝蜂窝板应符合下列要求：

1）截面厚度不宜小于10mm。

2）芯材应采用铝蜂窝，基板宜采用铝锰合金板或铝镁合金板，基板的厚度允许偏差应为±0.025mm。

3）面板厚度不宜小于1.0mm。铝蜂窝板的厚度为10mm时，其背板厚度不宜小于0.5mm；铝蜂窝板的厚度不小于12mm时，其背板厚度不宜小于1.0mm。

4）铝合金板与夹芯层的剥离强度应按现行国家标准《夹层

结构滚筒剥离试验方法》GB/T 1457 的规定采用滚筒剥离试验方法进行测试，其平均值不应小于 50N·mm/mm，其最小值不应小于 40N·mm/mm。

5）错蜂窝芯边长不宜大于 10mm。边长为 6～10mm 时壁厚不宜小于 0.07mm，边长小于 6mm 时壁厚不宜小于 0.05mm。

6.2 加工要求

（1）金属板材的品种、规格及色泽符合设计要求，铝合金板材表面氟碳树脂涂层厚度应符合设计要求。

（2）金属板幕墙组件装配尺寸应符合表 6-1 的要求。

金属板幕墙组件装配尺寸允许偏差（mm）　　表 6-1

项目	尺寸范围	允许偏差	检测方法
长度尺寸	≤2000	±2.0	钢直尺或钢卷尺
	>2000	±2.5	钢直尺或钢卷尺
对边尺寸	≤2000	≤2.5	钢直尺或钢卷尺
	>2000	≤3.0	钢直尺或钢卷尺
对角线尺寸	≤2000	≤2.5	钢直尺或钢卷尺
	>2000	≤3.0	钢直尺或钢卷尺
折弯高度		≤1.0	钢直尺或钢卷尺

注：本表摘自现行国家标准《建筑幕墙》GB/T 21086－2007。

（3）金属板组件的板长度、宽度和板厚度设计，应确保金属板组件组装后的平面度允许偏差符合表 6-2 的要求。当建筑设计对板面造型另有要求时，金属板组件平面度的允许偏差应符合设计的要求。

金属板幕墙组件平面度允许偏差　　表 6-2

板材厚度(mm)	允许偏差(长边)(%)	检测方法
≥2	≤0.2	钢直尺、塞尺
<2	≤0.5	钢直尺、塞尺

注：本表摘自现行国家标准《建筑幕墙》GB/T 21086－2007。

(4) 金属面板的加工应符合下列要求：

1）金属板幕墙组件的板折边角的最小半径，应保证折边部位的金属内部结构及表面饰层不遭到破坏。

2）金属板幕墙组件的板折边角度允许偏差不大于2°，组角处缝隙不大于1mm。

3）金属面板的固定耳板应符合设计要求，固定耳板可采用焊接、铆接或直接在板上冲压而成，其位置应准确，调整方便，固定牢固。铆接时可采用不锈钢抽芯铆钉或实芯铝铆钉。

4）金属面板周边可采用铆接、拴接、胶粘和机械连接相结合的形式固定，并应固定牢固。

5）金属板幕墙组件的加强边框和肋与面板及折边之间应采用正确的结构装配连接方法，连接孔中心到板边距离不宜小于 $2.5d$（d 为孔直径），孔间中心距不宜小于 $3d$，并满足金属板幕墙组件承载和传递风荷载的要求。

6）封闭式金属板幕墙组件的角接缝和孔眼应进行密封处理。

7）2mm 及以下厚度的单层铝板幕墙其内置加强框架与面板的连接，不应用焊钉连接结构。

(5) 铝蜂窝板的加工应符合下列要求：

1）应根据组装要求决定切口的尺寸和形状，应采用机械铣槽。

2）折角部位应加强，角缝应采用中性密封胶密封。

3）蜂窝铝板刻槽后面板剩余的铝板厚度不应小于0.5mm。

(6) 金属幕墙的女儿墙部分，应用单层铝板或不锈钢板加工成向内倾斜的盖顶。

(7) 金属幕墙的吊挂件、安装件应符合下列规定：

1）单元金属幕墙使用的吊挂件、支撑件，宜采用铝合金件或不锈钢件，并应具备可调整范围。

2）单元幕墙的吊挂件与预埋件的连接应采用穿透螺栓。

3）铝合金立柱的连接部件的局部壁厚不得小于5mm。

6.3 铝合金面板制作

6.3.1 一般规定

（1）铝合金面板在加工制作前应与土建设计施工图进行核对，应对已建主体结构进行复测，并应按实测结果对面板工程设计进行必要调整。

（2）加工铝合金面板构件所采用的设备、机具应满足构件加工精度要求，其量具应定期进行计量认证。

（3）现场加工制作铝合金面板时，在加工前应对完成的工作面主要平面及标高控制尺寸进行测量，并与施工图核对，如误差超出允许范围，则应采取修改图纸或工作面等调整措施。

（4）铝合金泛水板、包角等配件应选用与铝合金面板相同材质的铝合金板材加工制作。

（5）铝板面质量，不允许有锈斑、麻点、凹坑、脱层、不允许有扎制波浪和穿通气孔，严重磕碰、划伤、折弯后 R 角有明显裂纹等缺陷。

（6）有涂层的铝合金面板的漆膜不应有肉眼可见的裂纹、剥落和擦痕等缺陷。

（7）铝合金压型板的加工可根据加工板的长度采用工厂加工或工地现场加工，对板长超过 10m 的板件宜采用现场压型加工。

（8）铝合金弯弧板可根据弯弧半径采用现场自然弯弧或预弯弧。

6.3.2 铝单板下料操作

（1）复查铝板面外观质量。

（2）划线：将铝板平放工作台上，板背面向上，按图纸及套裁要求，用划针、钢板尺、卷尺等在板背面划线。

对于曲线应在曲线加工中心做出划线样板，依样板划线，或采取其他专用工具划线，划线应先划刨槽位置线，再依刨槽线划出下料线，划线宽度≤0.2mm。

划线时注意板纹理方向与图纸及套裁表一致，四边形板应注意控制对角线尺寸。

（3）剪切不同厚度铝板、铁板及其他材质时必须调教好剪板机对不同厚度板材刀具的间隙以减少由于刀具剪口的间隙不符导致工件剪口偏移而报废。

（4）直线切割下料：

1）将卧式手动切割机导轨放在铝板上，欲切割处，用专用定位钳或大力钳预定位。如使用大力钳，需在钳口与导轨面及板正面接触处应贴橡胶板或木板等软质物。

2）将卧式手动切割机放在导轨上，启动电源，在板端部试切（长度5～10mm），调整导轨使切口对准切割线，并使导轨与切割线平行，锁紧导轨使之与铝板间不能相对滑移。

3）启动电源沿导轨推动切割机切断铝板，注意控制推力平衡，推进速度不能过快。

（5）铝板曲线切割下料：

1）用手动曲线锯，按照下料线切割。切割时注意手持设备平稳运行，使曲线锯底面贴紧铝板背面，控制刀具行走速度。

2）也可用曲线加工中心做出靠模板，使曲线锯底座靠紧模板，切割曲线。

（6）直线刨槽：

1）将导轨放在刨槽位置并预夹紧，将卧式手动刨槽机放在导轨上，试切（长度≤20mm），调整导轨使切痕中心对准刨槽线，且导轨与刨槽线平行。锁紧导轨使之与复合板之间不能相对滑移。

2）启动电源沿导轨推动刨槽机刨槽。注意推力平衡，使刨槽机底面贴紧导轨，控制刀具行走速度，不能反向刨槽。

（7）铝板曲线刨槽：

1）曲线刨槽采手动立式刨槽机进行。

2）按图纸要求调整刨槽刀深度及调整定位挡板。在铝板端部试切（长度≤20mm），检查刨槽深度及刨槽中心至板边缘距离是否符合图纸要求，反复调整，直到符合。

3）以铝板边曲线边缘定位，刨曲线时注意使刨槽机底面贴紧铝板背面，使定位挡板靠紧铝板曲线边缘。

4）调整定位挡板，按上述过程可进行铝板曲线边缘45°斜角加工。

（8）批量生产时，卷尺检查，首件“三检”合格后方可进行第二件生产，同一坯料，每剪5件后需校验一下工件的尺寸，必要时及时调整定位，坯料除检查开料图中标注尺寸外还应检查对角线尺寸及相关角度尺寸。（长度大于2000mm时除量两端外还要测量中间尺寸，确保板的平直度）

（9）开每一张原材料时一定要弄清先后顺序，一般剪裁铝板应奉行先大后小规格操作次序，可使在万一错漏有补救机会。

（10）每一件坯料剪裁完后，选板面较差的为非面，在非喷涂面一端按规定作好标识，字体要求清楚整齐，特殊产品冲孔、双面喷涂的要按图纸中要求贴或挂牌。

（11）坯料不允许落地，要轻拿轻放，按规定区域非面朝上放置在平台或小车上，避免在搬运过程中造成磕碰，划伤。

6.3.3 铝单板切角操作

（1）按设计图，用划线针在板上按设计尺寸划线。铝复合板如果按刨槽中心线切，可不划线。

（2）按图中规定开角位置，开角形状，调整模具方向及定位，在冲床（压力机、数控冲床）上切角，切角不宜过大也不宜过小要适当。

（3）划线清楚标记明确并标出折弯正反刀和角度，如用手提式电动锯，锯时沿划线要留出线位，然后用锉刀修磨到位，用数控雕刻机或数控冲床生产可不留出线位直接接图纸要求生产．

(切记要复查编程和空跑检查)。

(4) 非 90°开角或弧形、曲线开料前划针划线，划线在有标识面上，但要与标识区分，以防混淆，能够清楚确认标识。制作异型产品时要注意正反方向区分明白，一定要划出折弯线来，以免去除或剪切不标准等带来折弯不便。(在数控机上编程后要进行复查)

(5) 曲线开料前，用卷尺及角度尺检查图中标定尺寸。

(6) 切角手提式电动锯锯时，毛刺方向在标识面方向，局部毛刺较大时应用锉刀进行打磨到位。

(7) 检验在切角后，用卷尺及 0.02mm 卡尺进行检查切角位置，必要时用角尺检查切角角度。

(8) 移动工作时应轻拿轻放，在转移工件中使工件脱离机台、工作台，以防划伤工件表面。工件不允许落地，按规定区域放在平台或小车上。

6.3.4 铝单板折弯操作

折弯工必须严格执行下工序检验上工序产品的规定，对上工序产品再次进行测检。不合格产品不得接收对在允许误差范围内尺寸工件，用直角尺选好，可作折弯基准线面。

1. 折弯机折弯

(1) 将加工图尺寸输入设备电脑，根据图纸要求及工件形状，并确定折弯顺序。

(2) 按工艺要求，选择下模槽口、折弯刀具(刀具圆角和刀具宽度)。

(3) 弯内角大于 90°时，靠调整上下行程，加大上刀与下模闭合高度，折边内角小于 90°时，在折弯机上压成 90°后，调换下模凹槽或在手动折边机上，成形折边，特殊情况在折弯机上用平板模压弯，并适当调整折弯机闭合高度，每次不同尺寸收口折边，都要检查刀具矿度是否符合工艺要求。

个别允许手工整形，保证尺寸及质量要求。

（4）组合刀具，要保证刀具对齐，刀尖在一条线上，不允许有错位，使工件成形后，折弯线光滑平整一致。

（5）折弯时为防止工件产生压痕或拉伤表面，在工件与下模之间加塑料膜保护。

（6）同一种规格，首件三检合格后方可进行第二件生产。

（7）成形圆角允许存在轻微裂纹，并在简易打磨中可以去除。

（8）较大的大型工件折弯成型，应注意将工件在折弯时同步扰起，避免折弯时单边承受较大弯矩造成折弯产生压痕。

（9）工件不允许落地，要轻拿轻放，搬运中防止磕碰、划伤，并按规定区域放在平台或小车上。

2. 手工折弯

折弯前按设计图切出弯折缺口，常见的平板折弯缺口有三角形缺口和矩形缺口，如图 6-1 所示。

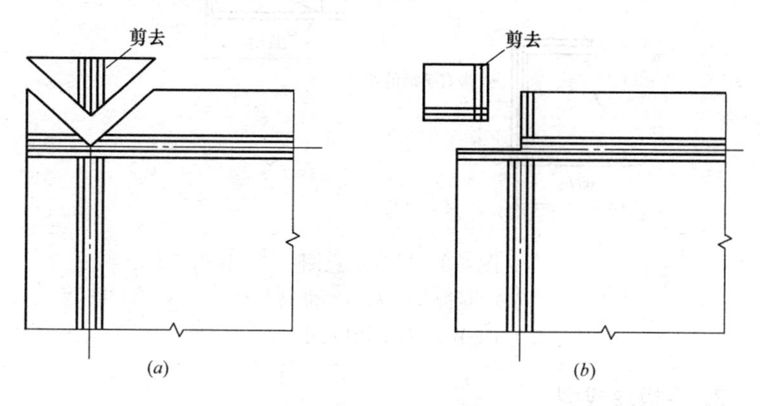

图 6-1　平板折弯缺口示意图

（*a*）三角形缺口；（*b*）矩形缺口

切口检验合格后，用专用带手柄弯尺（折边扳手），按槽口中线折成设计尺寸，如图 6-2 所示。

折边对角间隙应均匀、折边平整，如图 6-3（*a*）所示。避免造成图 6-3（*b*）、（*c*）所示的折角。

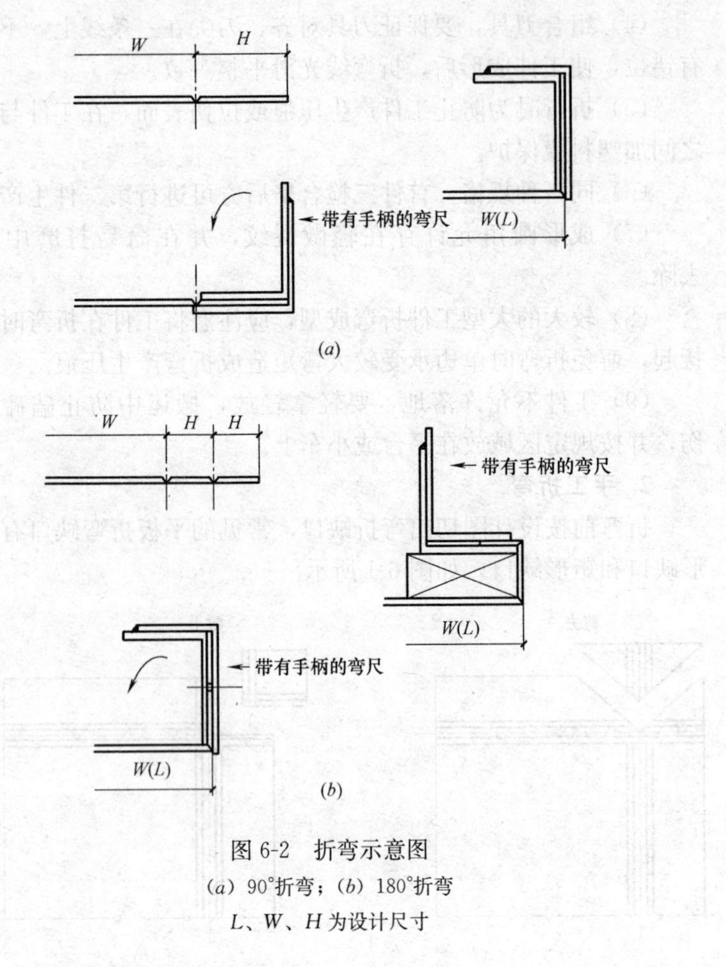

图 6-2 折弯示意图

(a) 90°折弯；(b) 180°折弯

L、W、H 为设计尺寸

3. 平板块成型

三角形缺口及矩形缺口的铆接板块成型，如图 6-4 所示。

板块折弯接缝处焊接，焊缝应平整，连接牢固，折弯外圆半径不应小于板厚的 1.5 倍，如图 6-5 所示。

4. 圆弧形板块收口槽折弯

与平板冲切口不同，圆弧形板块需先按设计图纸冲剪缺口，然后依次折弯 90°角，如图 6-6、图 6-7 所示。

6.3.5 铝单板冲角码孔

(1) 按角码起始位置及角码间距在相应模具上调整好定位或做好刻度。

(2) 在冲床（压力机）上进行冲孔，按图中标出冲孔中心位置顺序分别冲孔。

(3) 同一角码的两个孔，其间距按图纸要求角码长度确定冲。

(4) 冲孔时，孔边距由图纸规定的角码高度尺寸确定（必须与角码相配保证产品要求）。

(5) 板同一边冲角码孔，如最后角码板边大于起始位置，而小于角码规定间距时，应补加一组角码孔，并保证安装角码错位。

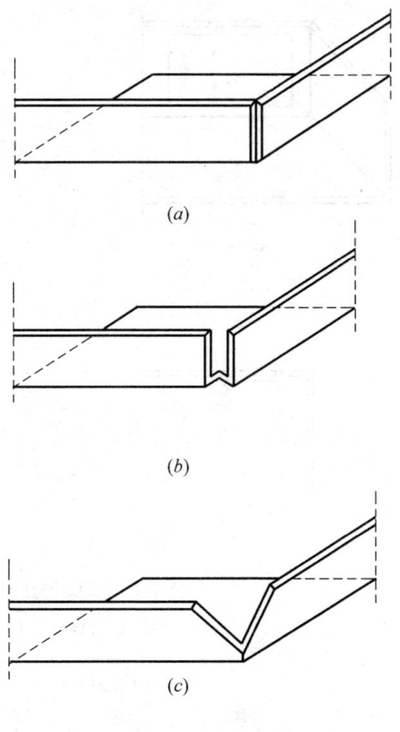

图 6-3 折边对角
(*a*) 合格；(*b*) 不合格；(*c*) 不合格

(6) 孔中心线应与相应折边线，工作边缘线平线，以防止安装角码后出现超差。

6.3.6 铝单板角码安装

(1) 角码选择：根据产品图及技术要求，铝板弯边高度，装角码后高度，胶缝大小，选择相应角码，不可混装（材料必须使用 2.5～3.0mm 以上铝板成型）。

(2) 角码安装部位：根据铝板上冲出的角码孔及安装高度在铝板边缘用抽钉枪安装角码，角码一般安装在板的内边（特

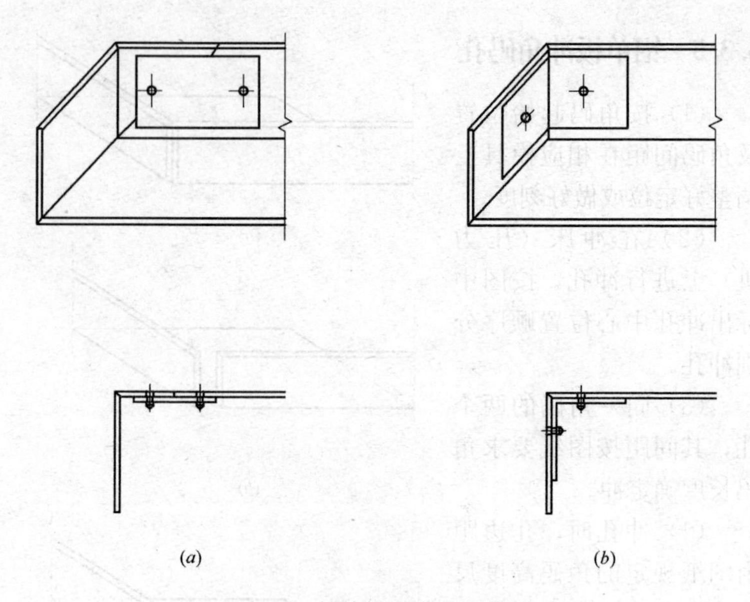

图 6-4　铆接板块成型示意图

(a) 三角形缺口铆接；(b) 矩形缺口铆接

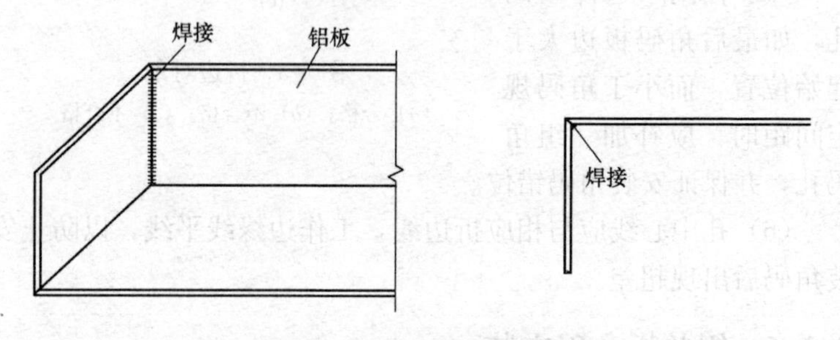

图 6-5　板块折弯接缝处焊接

殊除外)。

(3) 角码安装方式：每个角码采用两个抽芯钉安装，抽芯钉根据板厚选择 5×(9～15) mm，(特殊除外)，抽芯钉抽装后，不得偏斜，歪扭，有缝隙，松动，漏装，脱离。

(4) 相对边角码安装要错位（特殊性要求按图加工）。

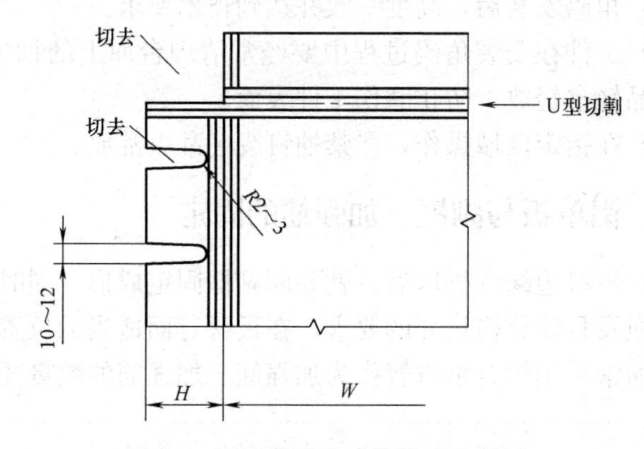

图 6-6　圆弧形板块冲剪缺口示意图

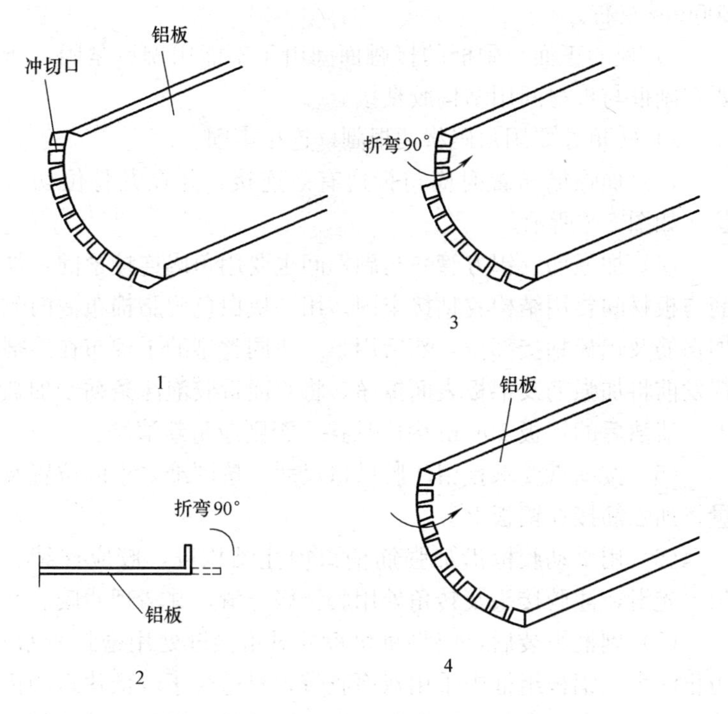

图 6-7　圆弧形板块收口槽折弯示意图

（5）角码安装后，高度一致并达到技术要求。

（6）工件在安装角码过程中要经常清理台面上的抽钉废芯，并对产品轻拿轻放，防止磨伤工件表面。

（7）在指定区域操作，严禁抽钉废芯乱丢乱放。

6.3.7 铝单板与副框、加强筋的固定

（1）板材边缘弯折以后，就要同副框固定成形，同时根据板材的性质及具体分格尺寸的要求，在板材背面适当的位置设置加强筋。通常采用铝合金方管作为加强筋。加强筋的数量要根据设计而定。

（2）副框与板材的侧面可用抽芯铝铆钉紧固，抽钉间距应在200mm 左右。

1）板的正面与副框的接触面间由于不能用铆钉紧固，所以要在副框与板材间用结构胶粘接。

2）转角处要用角码将两根副框连接牢固。

（3）加强筋布置时应与折边有效连接，并在龙骨位切口避位，如图 6-8 所示。

（4）加强筋（铝方管）与副框间也要用角码连接紧固，加强筋与板材间要用结构胶粘接牢固。用一块白色脱脂棉布沾丙酮擦加强筋及铝板粘接部位，然后用第二块同类型的干棉布在溶剂未挥发前将加强筋及铝板表面擦净。将双面带胶泡沫条粘于加强筋上，清洁后的铝板 10min 内应粘接，否则应重新清洗。

（5）按图纸要求预留注胶槽口尺寸，按图纸要求的位置及数量将加强筋接在铝板上。

（6）用手动胶枪沿加强筋槽口内注结构胶，胶应连续、均匀、光滑，注胶接头及转角处用胶铲修光滑，并清理残胶。

（7）副框组装后，应将每块板的对角接缝处用密封胶密封，防止渗水。铝板组框中采用双面胶带，只适合于较低建筑的铝板幕墙。对于高层建筑，副框及加强筋与铝板正面接触处必须采用结构胶粘接，而不能采用双面胶带。

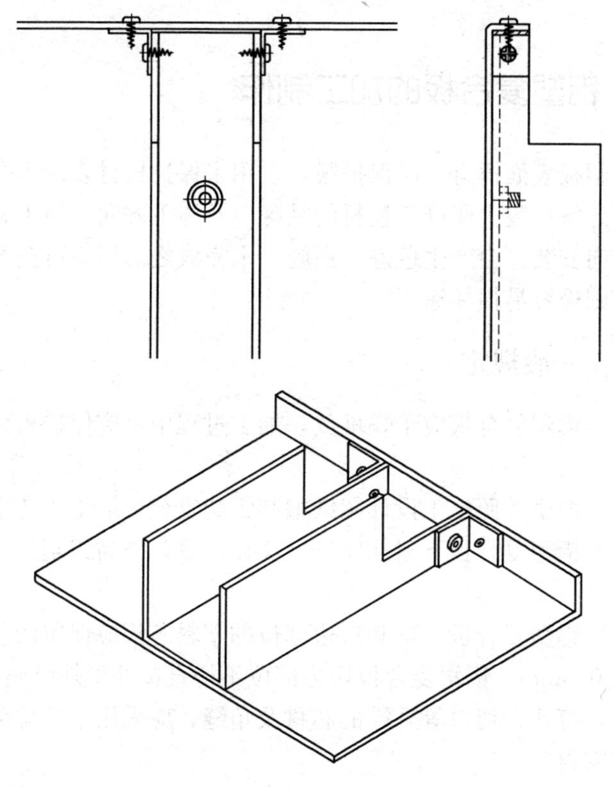

图 6-8　加强筋布置示意图

6.3.8　铝单板组装操作

（1）将折完边的铝单板背面朝上平放于工作台上，用壁纸刀轻划弯边的保护膜，注意不得划伤板面。然后撕下弯边的保护膜。

（2）若采用周边附框，则将附框放入铝单板盒内用胶锤轻击附框，使铝单板内表面与附框贴严，保证合板组合厚度尺寸偏差±0.5。对预滚涂单板，合附框前在折边角部应注密封胶。

（3）当采用分段附框或铝角片时，应严格按设计图纸规定的边距及间距安装，并保证铝板外表面到附框或铝角片外沿的距离。

6.4 铝塑复合板的加工制作

铝塑板表面覆有一层保护膜，以用来保护板材表面不受划伤等损坏。保护膜上印刷有板材的品牌以及施工方向，施工若不按正确方向安装，会产生色差。在施工未完成之前切不可撕毁保护膜，否则极容易损坏涂层。

6.4.1 一般规定

（1）铝塑复合板应干燥堆放，加工过程中，应保护板面不被划伤。

（2）严格按照施工设计图纸编制铝塑复合板加工工艺卡。

（3）铝塑复合板下料前应进行优化计算，提高铝塑复合板的成材率。

（4）铝塑复合板开槽和折边部位的塑料芯板应保留的厚度不得少于0.3mm。铝塑复合板切边部位不得直接处于外墙面。

（5）打孔、切口等外露的芯材及角缝，应采用中性硅酮建筑密封胶密封。

（6）加工前注意事项：

1）板材储存时应以1°内倾斜放置，底板需用厚木板垫底，厚板可以水平叠放。

2）搬运时需两人取放，将板面朝上，切勿推拉，以防擦伤。

3）如果手工裁切，在裁切前先将工作台清理干净，以免板材受损。

4）板材上切勿放置重物或践踏，以防产生弯曲或凹陷的现象。

（7）在加工过程中，应保持加工环境清洁、干燥，不得与水接触。

（8）铝塑复合板折边后，金属折边应采取加强措施。

6.4.2 裁切

（1）铝塑复合板应在设计用于金属板材的剪裁、切割机器设备上进行剪裁、锯切加工，裁切后加工边不得有毛刺和芯材碎屑。

（2）剪裁：铝塑复合板的剪裁应在设计用于金属板材的剪裁机器设备上进行剪裁加工，在加工过程中保证铝塑复合板材的平面度，裁床的台面不应有杂质异物，保证裁床台面的清洁度。

（3）锯切：铝塑复合板的锯切应在设计用于金属板材切割的机器设备上进行锯切加工，在加工过程中保证铝塑复合板材的平面度，在锯切过程中，宜采用板材固定、切割锯片移动的方式加工，以保证加工边的平整度和加工板的直线度。锯床的锯片为专用的金属板材加工刀锯，加工设备的转速不得低于 3000r/min，加工移动速度不应高于 5m/min。刀锯的移动应在直线导轨的倚靠下进刀，刀锯移动平稳。

（4）按铝塑复合板的设计长度加翻边余量调整龙门剪板机的定位杆，进行试剪，检测长度是否符合设计尺寸，合格后方可批量下料。

（5）铝塑复合板长度方向下料后，用靠模定位，保持 90°，在龙门剪板机上按宽度加翻边余量调整定位杆，进行试剪，检测宽度是否符合设计尺寸，合格后方可批量加工。

6.4.3 开槽

（1）铝塑复合板在折弯前必须进行开槽和折边前加工准备工作。

（2）开槽加工宜在铝塑复合板专用开槽机上进行，将铝塑复合板平放在洁净的工作平台上，定位夹紧，用开槽机在铝塑复合板内层铝板上开槽口，槽口深度应保留不小于 0.3mm 厚的聚乙烯塑料，并不得划伤外层铝板的内表面。

（3）开槽时宜用塑料或木夹具来夹住面板，应用不同形状的

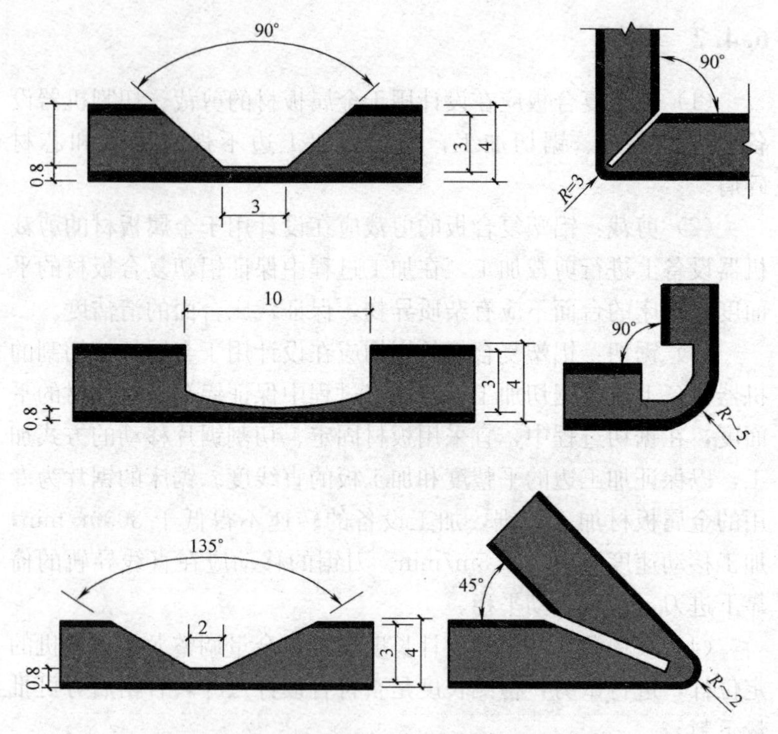

图 6-9　几种典型的加工开槽示意（mm）

铝塑复合板专用刀具从板背面进行开槽，满足不同转角弯弧半径的需要。

（4）加工过程中，铝塑复合板材的背部应垫有平整的垫板，以保证开槽加工铝塑复合板的平面度，在开槽过程中，应采用板材固定、开槽刀锯移动的方式加工，以保证加工开槽的槽口尺寸和加工槽口的直线度。机器设备的刀锯应为专用的金属板材开槽刀锯，加工设备的转速不应低于 3000r/min，加工移动速度不应高于 5m/min。刀锯的移动必须在直线导轨的倚靠下进刀，刀锯移动应平稳。

（5）开槽深度应控制在正面铝板后至少保留 0.3mm 厚的塑料芯材。不同折角应采用相对应的刀具进行开槽。加工不同厚度的铝塑复合板，必须使用该厚度所配套的开槽深度控制轮。开槽宜一次完成。不得在装饰面板一侧开槽。

（6）铝塑复合板在折边施工时，应在折边处开槽，根据折边要求，一般可开 V 型槽、U 型槽等，几种典型的开槽方式如图 6-9 所示。应使用铝塑复合板专用开槽机械，保证开槽深度不伤及对面铝材，并留有 0.30mm 厚的塑料层。在开槽处可根据需要采用加边肋等加固措施。

6.4.4 折弯

（1）铝塑复合板不应反复弯折。折弯加工应按图 6-10～图 6-12进行。采用靠模进行折弯翻边，检测边长和对角线是否符合设计尺寸，合格后方可批量加工。

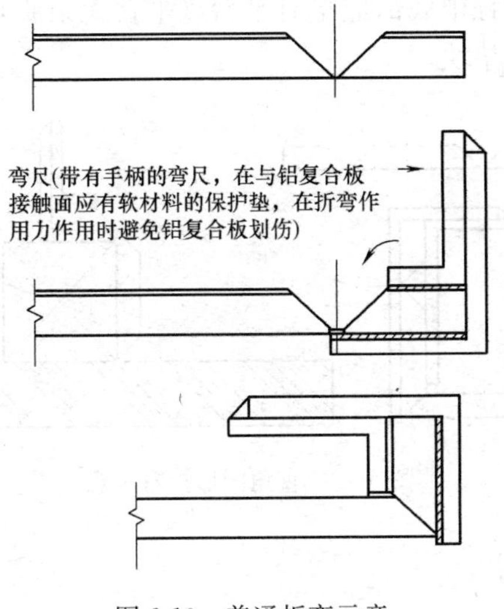

图 6-10　普通折弯示意

（2）折边宜采用先开槽后折弯的方法，不宜采用压型工艺。

（3）在折弯过程中，宜使用带有手柄的工具将折弯边一次折弯到位。不能多次折弯和变形。折弯工具与铝塑复合板的接触位置应有软质材料（毛毡、塑料、橡胶垫等材料），在折弯过程中

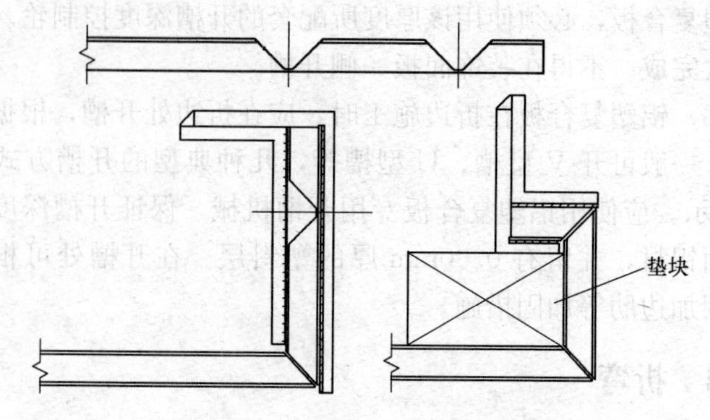

图 6-11　直角凸形二次折弯示意

应使受力平均分布，避免铝塑复合板的变形。在二次折弯过程中应在铝塑复合板上放置垫块（木块，硬质塑料块等）。凹形直角折边在折边过程中底部应垫有平台（平台无杂质），二次折边时在折边位垫有垫块。

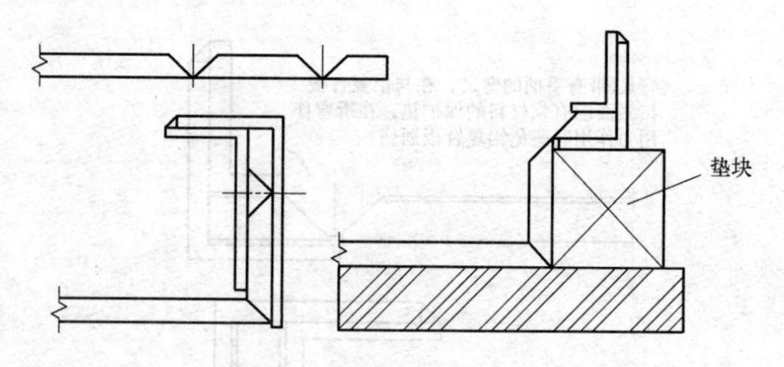

图 6-12　直角凹形折弯示意

6.4.5　卷圆

（1）铝塑复合板应冷弯，不能加热弯曲。应在专用弯曲设备上加工。铝塑复合板的最小卷曲半径应符合表 6-3 的要求。

（2）在卷圆加工中，弯曲角度取决于轴的直径和轴的间距，弯曲过程中始终会出现起始和终止部位的平直部分（平直部分至少为铝塑复合板厚度的 5 倍），在工程设计时如要求无平直部分，应将平直部分切除或再进行弯曲加工。

铝塑复合板的最小卷曲半径（mm）　　表 6-3

普通铝复合板的最小弯弧半径，R		
板材厚度	4	6
垂直方向半径	100	150
平行方向半径	150	200
防火铝塑复合板的最小卷曲半径，R		
板材厚度	4	6
垂直方向半径	250	400
平行方向半径	350	600

注：垂直与平行是指弯曲方向与铝板延展纹理方向之间的关系。

（3）在卷圆加工中，弯曲设备的模具口需要放置橡胶垫或硬度较铝塑复合板硬度低的材料，防止铝塑复合板铝板层的延展。弯曲设备轴的表面要求光洁不能有不平和杂质，避免弯曲加工中的铝塑复合板的凹凸和板面扭曲。

6.4.6 孔加工

（1）铝塑复合板可以在普通金属加工设备上用普通麻花钻头进行钻孔加工；三面倾斜芯钻头和平底扩孔钻可用来在铝塑复合板上进行沉孔加工。

（2）可采用普通的板冲切机进行冲孔加工。加工台面不得有杂质和表面不平整，孔中心距板边缘的距离不应小于 2 倍的孔径，孔的中心距不得小于 3 倍的孔径。

（3）铝塑复合板的孔加工，应符合机械类的孔加工。不应用非机械类设备对铝塑复合板材进行孔位的加工。

（4）冲孔加工时会在铝塑复合板上造成冲剪损耗，孔的直径一般宜大于 4mm，但不宜太大，造成孔的边缘变形。冲孔孔中余量宜尽量小，一般为铝塑复合板的厚度的 5%比较合适（该数据仅供参考）。冲头宜使用梯形冲头，在冲压过程中实现“分时”冲剪。

6.4.7 组角

（1）折边时角部的接缝要求严密、平滑，宜使用专用的冲角机冲切，如图 6-13 所示。组角时宜在接缝处背后衬厚度不小于 1.5mm 的铝板，用铆钉连接铝塑复合板与衬板。

（2）安装角铝和加肋。将铝塑复合板的四角用角铝加固，并按设计要求加肋。

图 6-13 组角示意图

6.4.8 面板组装

（1）铆钉连接要求如下：

1）铝塑复合板幕墙宜使用不锈钢芯的抽芯铆钉，不应采用沉头铆钉。

2）铆固连接时，铆钉孔和铆钉应配合。

3）打铆钉前应先将铆钉孔四周的保护膜去除。

（2）螺栓连接要求如下：

1）铝塑复合板宜采用有密封垫圈的不锈钢螺栓进行连接。

2）螺栓连接时，螺栓孔和螺栓应配合。

3）连接前应先将螺栓孔四周的保护膜去除。

7 人造板材面板加工制作

7.1 材料要求

(1) 幕墙用人造板材的放射性核素限量，应符合现行国家标准《建筑材料放射性核素限量》GB 6566 中 A 级、B 级和 C 级的规定。

(2) 微晶玻璃板公称厚度不应小于 20mm，应符合现行行业标准《建筑装饰用微晶玻璃》JC/T 872 的规定，且应满足耐急冷急热试验和墨水渗透法检查无裂纹的要求。

(3) 瓷板不包括背纹的实测厚度不应小于 12mm，单片面积不宜大于 1.5m^2，瓷板的性能应符合现行行业标准《建筑幕墙用瓷板》JG/T 217 的规定。

(4) 陶板性能应符合现行国家标准《陶瓷砖》GB/T 4100 和《干挂空心陶瓷板》GB/T 27972 的规定。

(5) 玻璃纤维增强水泥外墙板（GRC）的材料、外观质量及物理力学性能应符合现行行业标准《玻璃纤维增强水泥外墙板》JC/T 1057 的规定，并应满足下列要求：

1) 玻璃纤维增强水泥外墙板应边缘整齐，外观面不应有缺棱掉角。侧边防水缝部位不应有孔洞，其他部位孔洞长度不应大于 5mm、深度不应大于 3mm，每平方米板上孔洞不应多于 3 处。

2) 玻璃纤维增强水泥外墙板结构层的物理力学性能应按现行国家标准《玻璃纤维增强水泥性能试验方法》GB/T 15231 的规定进行检测。

(6) 石材蜂窝复合板应符合现行行业标准《建筑装饰用石材

蜂窝复合板》JG/T 328 的有关规定，并应满足下列要求：

1）面板宜采用花岗石、大理石，面板石材为镜面或细面时，面板厚度宜为 3～5mm；面板石材为粗面时，面板厚度宜为 5～8mm。花岗石面板应符合现行国家标准《天然花岗石建筑板材》GB/T 18601 的规定，大理石面板应符合现行国家标准《天然大理石建筑板材》GB/T 19766 的规定。

2）背板宜采用铝合金板或镀铝锌钢板。铝合金板厚度不宜小于 0.5mm，氧化膜厚度不宜小于 15μm；镀铝锌钢板应符合现行国家标准《连续热镀铝锌合金镀层钢板及钢带》GB/T 14978 的规定，板材厚度不宜小于 0.35mm，铝锌涂层厚度不宜小于 15μm。

3）铝蜂窝芯材厚度不宜小于 14mm，芯格边长不宜大于 6mm，壁厚不宜小于 0.07mm。

4）石材蜂窝复合板厚度不宜小于 20mm。

7.2 加工要求

（1）人造板材单板面积、厚度应符合表 7-1 的要求。

人造板材尺寸要求 **表 7-1**

板材类别	厚度(mm)		单片面积(m^2)	检测方法
瓷板	背栓式	其他连接方式	≤1.5	卡尺
	≥12	≥13		
陶板	≥15		—	卡尺
微晶玻璃板	≥20		≤1.5	卡尺

注：本表摘自现行国家标准《建筑幕墙》GB/T 21086—2007。

（2）人造板材尺寸偏差应符合表 7-2 要求。

（3）人造板材正面的外观缺陷应符合表 7-3 的要求。

人造板材尺寸偏差　　表 7-2

人造板材分类		长度、宽度		对角线	平整度		厚度		检测方法
		允许偏差（%）	允许最大偏差（mm）	允许最大偏差（mm）	允许偏差（%）	允许最大偏差（mm）	允许偏差（%）	允许最大偏差（mm）	
瓷板	平面板	±0.5	±1.5	±2.0	±0.3	±2.0	±5.0	±1.0	卡尺
	抛光板	±0.5	±1.5	±2.0	±0.2	±1.0	±5.0	±1.0	
	毛面板	±0.5	±1.5	±2.0	±0.3	±1.5 测背面	±5.0	±1.5	
	釉面板	±0.5	±1.5	±2.0	±0.3	±2.0	±5.0	±1.0	
陶板		±1.0	宽±2.0 长±1.0	+2.0 0	±0.5	±2.0	+10	±2.0	
微晶玻璃板		±0.5	±1.0	±1.5	±0.5	±1.5	±10	±2.0	

注：本表摘自现行国家标准《建筑幕墙》GB/T 21086—2007。

人造板材正面外观缺陷允许值　　表 7-3

项目	质量要求			检测方法
	瓷板	陶板	微晶玻璃	
缺棱：长宽度不超过 10mm×1mm（长度小于 5mm 不计）周边允许（个）	1	1	1	钢直尺
缺角：面积不超过 5mm×2mm（面积小于 2mm×2mm 不计）	1	2	1	钢直尺
色差，距板面 1m 处肉眼观察	不明显	不明显	不明显	目测观察
裂纹（包括隐裂、釉面龟裂）	不允许	不允许	不允许	目测观察
窝坑（毛面除外）	不明显	不明显	不明显	目测观察

注：本表摘自现行国家标准《建筑幕墙》GB/T 21086—2007。

7.3 瓷板加工

7.3.1 一般规定

（1）瓷板应符合现行行业标准《建筑幕墙用瓷板》JG/T

217 的规定，其加工前应进行以下项目检验：

1）瓷板的长度、宽度、厚度、边直度及形位公差。

2）瓷板的表面质量、色泽和花纹图案。瓷板不得有明显的色差，花纹图案应符合供需双方确定的样板。

（2）瓷板切割、开孔、开槽过程中，应采用清水润滑和冷却。

（3）切割、开孔、开槽后，应立即用清水对孔壁和槽口进行清洁处理，并放置于通风处自然干燥。

（4）加工好的瓷板应竖立存放于通风良好的仓库内，其与水平面夹角不应小于 85°，下边缘宜采用弹性材料衬垫，离地面高度宜大于 50mm。

7.3.2 瓷板槽口加工

（1）槽口加工应采用专用机械设备，加工槽口用锯片应保持锋利。不宜在现场采用手持机械进行加工。

（2）槽口的宽度、长度、位置应符合设计要求。

（3）槽口的侧面应不得有损坏或崩裂现象，槽内应光滑、洁净，不得有目视可见的阶梯。

（4）瓷板槽加工尺寸及允许误差应符合表 7-4 要求。

瓷板槽加工尺寸及允许偏差（mm）　　表 7-4

固定形式	槽宽度允许误差	槽长度	槽深度允许误差	槽边到端边距离	槽边到板面距离		检测方法
					最小尺寸	允许偏差	
短槽式	+0.5 0.0	100～200	+1.0 0.0	50～200	5	+0.5 0.0	卡尺
通槽式	+0.5 0.0	通长	+1.0 0.0	通长	5	+0.5 0.0	

注：本表摘自现行国家标准《建筑幕墙》GB/T 21086—2007。

7.3.3 背栓孔的加工

背栓孔的加工精度要求非常高，不同厂家的背栓，对背栓孔又有不同的要求，因此，应采用与背栓配套的专用钻孔机械加工，并按背栓生产厂家的要求钻孔和扩孔。为了保证幕墙的总体平整度，加工背栓孔时，应以瓷板在幕墙上的装饰面作为基准面，对孔的深度进行控制。

（1）背栓孔应采用与背栓配套的专用钻孔机械加工。

（2）影响背栓连接处的背纹应进行打磨，打磨处应平整。

（3）背栓孔的数量、位置和深度应符合设计要求。钻孔和扩孔直径应符合背栓产品的技术要求。

（4）可采用压入或旋转方式植入背栓，背栓紧固力矩应符合背栓厂家的规定。植入后应确认其连接牢固，工作可靠。

（5）背栓孔不得有损坏或崩裂现象，孔内应光滑、洁净。

（6）背栓孔加工尺寸允许偏差应符合表 7-5 的要求。

（7）背栓孔加工完成后应全数检验。

微晶玻璃、瓷板孔加工允许偏差（mm）　　　表 7-5

固定形式	孔径允许误差	扩孔直径允许误差	锚固深度		孔中心到板边距离	孔底距板面保留厚度	检测方法
			最小值	允许误差			
背栓式	+0.4 0	±0.3	6	±0.2	最小 50	≥3.0	卡尺

注：本表摘自现行国家标准《建筑幕墙》GB/T 21086—2007。

7.4　微晶玻璃板加工

7.4.1　一般规定

（1）建筑幕墙用微晶玻璃板应符合现行行业标准《建筑装饰用微晶玻璃》JC/T 872 的规定，面板应无开裂或裂纹，且不得有明显的色差，花纹图案应符合设计要求。

（2）微晶玻璃板加工应在各工序相应的专用机械设备上进行，设备的加工精度应满足幕墙面板设计精度要求，并以装饰面（正面）作为加工基准面；微晶玻璃板材质硬度高、脆性大，加工过程中设备选用不当将有可能导致加工精度达不到要求或材料的脆裂而产生加工缺陷。

（3）微晶玻璃板切割、开孔和开槽过程中应采用清水或其他对微晶玻璃板无污染的水性溶剂进行润滑和冷却。

（4）微晶玻璃板经切割、开槽、钻孔等工序后均应将粉尘用清水冲洗干净并采用压缩空气吹干或放置于通风处自然干燥。

（5）加工好的微晶玻璃板应竖立存放于通风良好的仓库内，与水平面夹角不应小于 85°，下边缘应采用弹性材料衬垫，离地面高度宜大于 50mm。

7.4.2 微晶玻璃板的加工质量

（1）微晶玻璃板应无开裂和裂纹。

（2）连接部位应无爆边、裂纹等缺陷，槽（孔）内应光滑、洁净。

（3）装饰面缺棱、缺角缺陷数量应符合现行行业标准《建筑装饰用微晶玻璃》JC/T 872 的规定，且有缺陷的板块宜用于不影响幕墙立面观感部位。

（4）微晶玻璃板外表面的色泽和花纹图案应符合设计要求，不得有明显的色差。

（5）微晶玻璃板的外形尺寸和几何形状应符合设计要求。

（6）微晶玻璃板外形尺寸和平面度允许偏差应符合现行行业标准《建筑装饰用微晶玻璃》JC/T 872 规定的要求。

7.4.3 微晶玻璃板开槽加工

（1）槽口的宽度、长度、位置应符合设计要求。

（2）微晶玻璃板开槽加工尺寸允许偏差应符合表 7-6 的规定。

微晶玻璃板开槽尺寸允许偏差（mm）　　表 7-6

项目	槽宽度	槽长度	槽深度	槽端到板端边距离	槽边到板面距离
允许偏差	+0.5 0	短槽：+10.0 0	+1.0 0	短槽：+10.0 0	+0.5 0

7.4.4 背栓连接的微晶玻璃板加工

（1）背栓孔的数量、位置和深度应符合设计要求。

（2）钻孔和扩孔直径应符合背栓产品的技术要求。

（3）直接连接的平齐式背栓，钻孔深度应控制在可见表面至孔底的距离；通过连接件连接的间距式背栓，钻孔深度应控制在可见表面至孔底的距离，以及可见表面至连接件底面的距离。

（4）可采用压入或旋转方式植入背栓，背栓紧固力矩应符合背栓厂家的规定。植入后应确认其连接牢固、工作可靠。

（5）背栓孔加工尺寸允许偏差应符合表 7-5 的要求。

7.5 陶板加工

7.5.1 一般规定

（1）陶板的品种、规格和尺寸允许偏差应符合设计和相关国家标准的规定。

（2）陶板的表面质量、色泽和花纹图案。陶板外表面的花纹图案应比照样板检查，板块四周不得有明显的色差。

（3）对于挂钩处有明显缺陷的产品，不得使用。

（4）陶板面板的加工尺寸允许偏差应符合表 7-7 的规定。

陶板面板的加工尺寸允许偏差（mm）　　表 7-7

项目		允许偏差
边长	长度	±1.0
	宽度	±2.0
厚度		±2.0
对角线差		≤2.0
表面平整度		≤2.0

注：本表摘自现行行业标准《建筑幕墙用陶板》JG/T 324—2011。

（5）已加工好的陶板应竖立存放于通风良好的仓库内，其与水平面夹角不应小于 85°。

7.5.2 陶板面板加工

（1）陶板的加工一般以切割为主，陶板加工需要进行润滑、冷却和清洁时，应采用清水，不得采用有机溶剂型清洁剂。

（2）加工应根据不同的板块形状和设计要求进行。陶板具有多种板块形状，如实心板、空心板、通槽板、挂钩板等，因而其加工要求会因板而异。特别是收口部位，如转角、上下封口、悬挑处等的加工应按设计要求进行。

7.5.3 陶板的转角

陶板的转角可用陶板本身或采用不锈钢支撑件、铝合金型材专用件组装。如采用不锈钢支撑件或铝合金型材专用件组装，则应符合下列规定：

（1）当采用不锈钢支撑件组装时，不锈钢支撑件厚度不宜小于 3mm。

（2）当采用铝合金型材专用件组装时，铝型材型材壁厚不应小于 4mm，连接部位的壁厚不应小于 5mm，并应通过结构计算确定。

7.6 石材蜂窝复合板加工

7.6.1 一般规定

（1）石材铝蜂窝复合板的加工应在专业的生产单位进行，产品应按照《建筑装饰用石材蜂窝复合板》JG/T 328 和相关工程设计的要求进行出厂检验，合格后方可使用。

（2）石材蜂窝复合板加工允许偏差应符合表 7-8 的规定。

（3）未做规定的其他外形尺寸或特定形状板材的允许偏差可

根据工程设计的要求确定。

石材蜂窝复合板加工允许偏差（mm）　　　　表 7-8

项目		技术要求	
		亚光面、镜面板	粗面板
边长		0.0 −1.0	
对边长度差	⩽1000	⩽2.0	
	＞1000	⩽3.0	
厚度		±1.0	+2.0，−1.0
对角线差		⩽2.0	
边直度	每米长度	⩽1.0	
平直度	每米长度	⩽1.0	⩽2.0

（4）加工完毕的蜂窝芯复合板应竖立存放于干燥、通风良好的仓库内，其竖立角度不应小于 85°。

7.6.2 加工要点

（1）石材蜂窝复合板应封边处理。

（2）石材蜂窝复合板采用外层金属面板折转包封时，折角应弯成圆弧形。缝隙应用中性硅酮建筑密封胶密封。

（3）板块可按照设计要求进行不同角度的拼接。拼接应保证相互拼接在一起的石材面板色泽、纹路的一致性。

（4）拼接前，可对板块进行倒角切割加工。加工时，应注意不损伤表面石材，避免出现崩边、缺棱的缺陷。

（5）拼接部位应平整，无明显缝隙和缺角。

（6）需对板块进行局部切割时，可采用手动切割设备附之清水或其他对石材铝蜂窝板无污染的水性冷却液进行切割。切口应按设计要求进行清洁或封边处理。

8 幕墙组件制作

8.1 材料要求

幕墙组件制作所需的金属型材、金属面板、玻璃面板、石材面板、人造板材面板等的材料要求参见上述相关各章的具体要求。

铝合金玻璃幕墙用的密封胶有结构密封胶、耐候密封胶、中空玻璃二道密封胶、防火密封胶等。

8.1.1 建筑密封材料

（1）建筑幕墙的橡胶制品，宜采用三元乙丙橡胶、氯丁橡胶及硅橡胶，并应符合国家现行标准《建筑门窗、幕墙用密封胶条》GB/T 24498、《工业用橡胶板》GB/T 5574 及《建筑橡胶密封垫——预成型实心硫化的结构密封垫用材料规范》HG/T 3099 的规定。

（2）幕墙用硅酮建筑密封胶的性能应符合现行国家标准《硅酮建筑密封胶》GB/T 14683 的规定，不应使用填充了矿物油的硅酮建筑密封胶。硅酮建筑密封胶的变形能力应符合设计要求。

（3）玻璃、金属板、瓷板和微晶玻璃幕墙的密封，可参照现行行业标准《幕墙玻璃接缝用密封胶》JC/T 882 的规定，并应在施工前进行粘接性试验。

（4）石材、陶板、石材蜂窝复合板和玻璃纤维增强水泥外墙板幕墙的密封，可参照现行国家标准《石材用建筑密封胶》GB/T 23261 的规定，应在施工前进行粘接性试验，并应通过耐污染性试验。

（5）石板经切割或开槽等工序后均应将石屑清理干净，石板与挂件间应采用环氧树脂型石材专用结构胶粘接，环氧树脂胶粘剂的性能应符合现行行业标准《干挂石材幕墙用环氧胶粘剂》JC 887 的规定。

（6）用于石材定位、修补等非结构承载粘接用途的云石胶，应符合现行行业标准《非结构承载用石材胶粘剂》JC/T 989 的有关规定。

（7）采用硅酮结构密封胶粘结固定隐框玻璃幕墙构件时，应在洁净、通风的室内进行注胶，且环境温度、湿度条件应符合结构胶产品的规定；注胶宽度和厚度应符合设计要求。

8.1.2 硅酮结构密封胶

（1）硅酮结构密封胶和硅酮建筑密封胶必须在有效期内使用。

（2）幕墙用中性硅酮结构密封胶及酸性硅酮结构密封胶的性能，应符合现行国家标准《建筑用硅酮结构密封胶》GB 16776 的规定。

（3）硅酮结构密封胶生产商应提供其硅酮结构密封胶拉伸试验的应力应变曲线和质量保证书。

（4）幕墙用硅酮建筑密封胶和硅酮结构密封胶，应经国家认可的检测机构进行与其相接触的有机材料的相容性试验以及与其相粘接材料的剥离粘接性试验；对硅酮结构密封胶，尚应进行邵氏硬度、标准条件下拉伸粘接性能试验。

（5）隐框和半隐框玻璃幕墙，其玻璃与铝型材的粘结必须采用中性硅酮结构密封胶；全玻幕墙和点支承幕墙采用镀膜玻璃时，不应采用酸性硅酮结构密封胶粘结。

（6）与石材接触的结构密封胶、建筑密封胶不应对石材产生污染。

（7）除全玻幕墙外，不应在现场打注硅酮结构密封胶。

（8）硅酮结构密封胶生产商应提供其结构胶的变位承受能力

数据和质量保证书。

8.1.3 五金件、紧固件

（1）幕墙采用的标准五金件应符合现行国家行业标准的有关规定，并应符合以下规定：

1）幕墙中与铝合金型材接触的五金件应采用不锈钢或铝制品，否则应加设绝缘垫片。

2）除不锈钢和耐候钢外，其他钢材应进行表面热浸镀锌或其他防腐处理。

（2）幕墙采用的非标准五金件应符合设计要求，并应有出厂合格证，同时应符合现行国家标准《紧固件机械性能不锈钢螺栓、螺钉和螺柱》GB/T 3098.6、《紧固件机械性能不锈钢螺帽》GB/T 3098.15 的规定。

（3）在不同金属材料之间，除不锈钢外，应加设耐腐蚀的硬质有机材料垫片。幕墙的立柱与横梁之间的连接处，应加设防震橡胶垫片。

（4）紧固件宜采用不锈钢六角螺栓，不锈钢六角螺栓应带有弹簧垫圈。当未采用弹簧垫圈时，应有防松脱措施。主要受力的抗拉杆件不应采用自攻螺钉连接。

（5）与幕墙配套使用的紧固件应符合现行国家标准《紧固件螺栓和螺钉》GB/T 5277、《十字槽盘头螺钉》GB/T 818、《紧固件机械性能螺栓螺钉和螺柱》GB/T 3098.1、《紧固件机械性能螺母粗牙螺纹》GB/T 3098.2、《紧固件机械性能螺母细牙螺纹》GB/T 3098.4、《紧固件机械性能螺栓自攻螺钉》GB/T 3098.5、《紧固件机械性能不锈钢螺栓螺钉和螺柱》GB/T 3098.6、《紧固件机械性能不锈钢螺母》GB/T 3098.15 的规定。

（6）锚栓应符合现行行业标准《混凝土用膨胀型、扩孔型建筑销栓》JG 160 和《混凝土结构后锚固技术规程》JGJ 145 的规定，可采用碳素钢、不锈钢或合金钢材料。化学锚栓和锚固胶的化学成分、力学性能应符合设计要求，药剂必须在有效期内使用。

8.1.4 其他材料

（1）与单组分硅酮结构密封胶配合使用的低发泡间隔双面胶带应具有透气性。

（2）低发泡间隔双面胶带必须符合下列规定：

1）低发泡间隔双面胶带与硅酮密封胶接触时必须相容。

2）当幕墙风荷载大于 $1.8kN/m^2$ 时，宜选用中等硬度的聚氨基甲酸乙酯低发泡间隔双面胶带。

3）当幕墙风荷载小于或等于 $1.8kN/mm^2$ 时，宜选用聚乙烯低发泡间隔双面胶带。

4）与单组分硅酮结构密封胶配合使用的低发泡间隔双面胶带，应具有透气性。

（3）石材耐候密封胶应符合现行行业标准《石材幕墙接缝用密封胶》JC/T 882 的规定。

（4）石材挂件粘结采用改性环氧树脂胶时，其性能应符合现行行业标准《干挂石材用环氧胶粘剂》JC 887 的规定。

（5）幕墙宜采用聚乙烯泡沫棒作填充材料，其密度不应大于 $37kg/m^3$。

（6）玻璃支承垫块宜采用邵氏硬度为 85±5 的氯丁橡胶等材料，不得使用易老化材料或吸水性材料。

（7）绝缘隔离垫片可采用橡胶、尼龙、聚氯乙烯（PVC）等制品。

（8）石材表面防护剂可采用有机硅或有机氟防护材料。表面防护材料应满足防水性、耐污染性和耐酸碱性等要求，不应改变石材表面的颜色和光泽。

（9）幕墙的隔热保温材料，宜采用岩棉、矿棉、玻璃棉、防火板等不燃或难燃材料。

8.2 明框玻璃幕墙组件制作

（1）玻璃面板与型材槽口的配合尺寸应符合表 8-1 及表 8-2

的要求。最小配合尺寸见图 8-1 和图 8-2。尺寸 c 应经过计算确定，满足玻璃面板温度变化和幕墙平面内变形的要求。

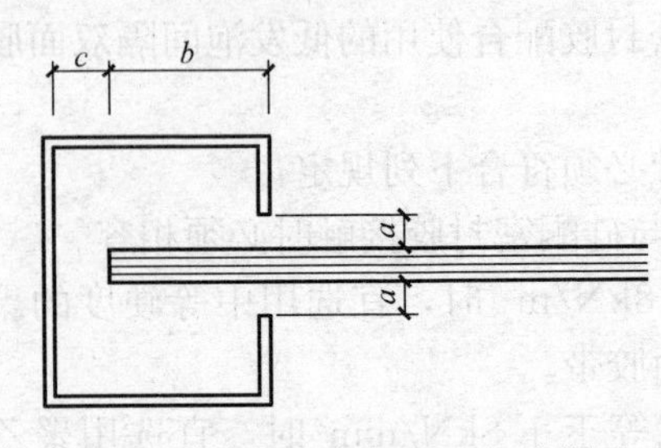

图 8-1　玻璃与槽口的配合示意图

（2）明框玻璃幕墙组件的导气孔及排水孔设置应符合设计要求，组装时应保证导气孔及排水孔通畅。

（3）明框玻璃幕墙组件应拼装严密。设计要求密封时，应采用硅酮建筑密封胶进行密封。

单层玻璃、夹层玻璃与槽口的配合尺寸（mm）　　表 8-1

厚度	a	b	c	检测方法
6	≥3.5	≥15	≥5	卡尺
8～10	≥4.5	≥16	≥5	卡尺
12 以上	≥5.5	≥18	≥5	卡尺

注：夹层玻璃以总厚度计算。

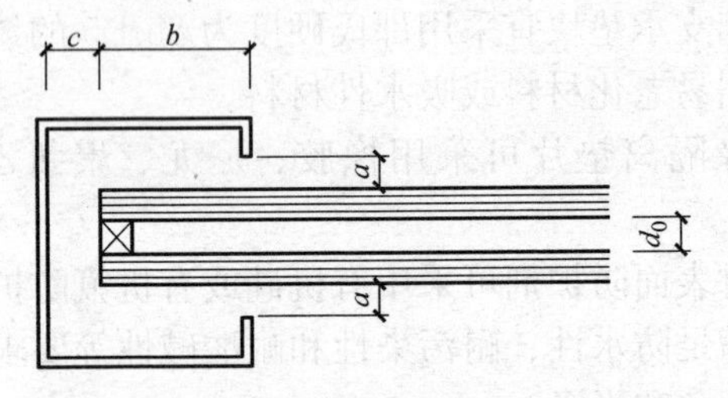

图 8-2　中空玻璃与槽口的配合示意图

中空玻璃与槽口的配合尺寸（mm）　　表 8-2

厚度	a	b	c	检测方法
$6+d_a+6$	≥5	≥17	≥5	卡尺
$8+d_a+8$ 以上	≥6	≥18	≥5	卡尺

注：d_a 为空气层厚度。

硅酮建筑密封胶的主要成分是二氧化硅，由于紫外线不能破坏硅氧键，所以硅酮建筑密封胶具有良好的抗紫外线性能。不得采用酸性硅酮建筑密封胶，这种胶的耐老化性非常差，且对铝合金型材表面产生腐蚀，影响密封效果，甚至引起渗漏。

（4）明框玻璃幕墙组装时，应采取措施控制玻璃与铝合金框料之间的间隙。玻璃的下边缘应采用两块压模成型的氯丁橡胶垫块支承，垫块的尺寸应符合设计的要求。

明框玻璃幕墙的玻璃与槽口之间的间隙除应达到嵌固玻璃要求外，还要能适应热胀冷缩的变形及主体结构层位移或其他荷载作用下导致的框架变形，以避免玻璃直接碰到金属槽口，造成玻璃破碎。

8.3 隐框、半隐框玻璃幕墙组件的制作

8.3.1 一般规定

（1）隐框、半隐框玻璃幕墙中，对玻璃面板及铝合金框的清洁应符合下列要求：

1）玻璃和铝合金框粘接表面的尘埃、油渍和其他污物，应分别使用带溶剂的擦布和干擦布清除干净。

2）应在清洁后1h内进行注胶；注胶前再度污染时，应重新清洁。

3）每清洁一个构件或一块玻璃，应更换清洁的干擦布。

（2）使用溶剂清洁时，应符合下列要求：

1）不应将擦布浸泡在溶剂里，应将溶剂倾倒在擦布上。

2）使用和贮存溶剂，应采用干净的容器。

3）使用溶剂的场所严禁烟火。

4）应遵守所用溶剂标签或包装上标明的注意事项。

（3）硅酮结构密封胶注胶前，与其相接触的有机材料必须取得合格的相容性试验、剥离粘结性试验报告，必要时应加涂底胶；双组分硅酮结构密封胶应检查混合均匀性（蝴蝶试验）和混

合后的固化速度（拉断试验）。

（4）采用硅酮结构密封胶粘接板块时，不应使硅酮结构密封胶长期处于单独受力状态。硅酮结构密封胶组件在固化并达到足够承载力前不应搬动。

硅酮结构密封胶在长期重力荷载作用下承载力很低（强度设计值仅为0.01N/mm²），固化前强度更低，而且硅酮结构密封胶在重力作用下会产生明显的变形。若使硅酮结构密封胶在固化期间处于受力较大的状态，会造成幕墙的安全隐患。因此，在加工组装过程中应采取措施减小硅酮结构密封胶所承受的应力。注胶后的隐框幕墙板块可采用周转架分块安置；如直接叠放时，要求放置垫块直接传力，并且叠放层数不宜过多。

（5）隐框玻璃幕墙装配组件的注胶必须饱满，不得出现气泡，胶缝表面应平整光滑；收胶缝的余胶不得重复使用。

（6）结构胶完全固化后，隐框玻璃幕墙玻璃组件的尺寸偏差应符合表8-3的要求。

隐框玻璃幕墙玻璃组件的尺寸偏差（mm）　　表8-3

项目	尺寸范围	允许偏差	检测方法
框长宽尺寸	—	±1.0	钢卷尺
组件长宽尺寸	—	±2.5	钢卷尺
框接缝高度差	—	≤0.5	深度尺
框内侧对角线差及组件对角线差	长边≤2000	≤2.5	钢卷尺
	长边＞2000	≤3.5	
框组装间隙	—	≤0.5	塞尺
胶缝宽度	—	+2.0 0	卡尺或钢板尺
胶缝厚度	≥6	+0.5 0	卡尺或钢板尺
组件周边玻璃与铝框位置差	—	≤1.0	深度尺
组件平面度	—	≤3.0	1m靠尺
组件厚度	—	±1.5	卡尺或钢板尺

注：本表摘自现行国家标准《建筑幕墙》GB/T 21086—2007。

（7）隐框玻璃幕墙采用悬挑玻璃时，玻璃的悬挑尺寸应符合计算要求，且不宜超过150mm。

8.3.2 框架制作

（1）按设计图纸和料单检查附框尺寸。

（2）按设计图纸将连接片、附框组铆成框。

（3）按图纸检查首件框架尺寸及偏差。首件合格后，进行批量制作。

（4）在框架批量生产中，应按设计图纸检查框架尺寸及允许偏差，框架尺寸允许偏差应符合表8-4的要求。

框架尺寸允许偏差（mm）　　表8-4

项次	项目	尺寸范围	允许偏差	检测方法
1	框架下料尺寸		±0.5	用钢卷尺测量
2	槽（长宽）尺寸	≤2000 ＞2000	±1.5 ±2.0	用钢卷尺测量
3	构件对边尺寸差	≤2000 ＞2000	≤1.5 ≤2.5	用钢卷尺测量
4	构件对角线尺寸差	≤2000 ＞2000	≤2.5 ≤3.0	用钢卷尺测量
5	装配间隙		≤0.4	用塞尺测量
6	同一平面度差		≤0.4	用深度尺测量

8.3.3 注胶准备

（1）玻璃板块结构胶注胶人员均应经过专业培训，经考核合格后方能操作。

（2）注胶机、各类仪表必须完好；胶枪擦拭干净；混合器、压胶棒等各部件处于良好工作状态。应定期检查混合器内筒的内孔与芯棒之间的配合间隙是否在0.2mm之内，每日工作完毕，应将未用完的胶注回原桶，以保持胶路畅通。

（3）检查材料：

1）玻璃板块组件所用材料，均须符合设计图纸和国家现行标准规范的相关规定，并有出厂合格证。

2）结构必须有与所有接触材料的粘结力及相容性试验合格报告，并应有物理耐用年限和质量保证书。

3）结构胶必须有出厂日期、批号、其贮存有效期限应大于6个月。严禁使用过期胶。

4）玻璃边缘必须磨边、倒角。磨边尺寸在图纸未注明时按45°磨边，磨边尺寸为1.5～2.0mm。

（4）熟悉节点图纸和工艺资料。图纸上结构胶粘接宽度不应小于7mm，厚度不应小于6mm，也不应大于12mm。

8.3.4 表面清洗

（1）为了保证粘接强度，被粘接表面必须达到洁净、干燥、无任何水分、油污和尘埃等污物。

（2）清洗材料：

1）油性污渍：用丙酮、二甲苯或工业酒精。

2）非油性污渍：用异丙醇和水各50％的混合溶剂。

3）棉布：白色清洁、柔软、烧毛处理的吸水棉布。

（3）净化方法：

1）双布净化法：将溶剂倒在一块干净小布上，单向擦拭玻璃和型材的粘接部位，并在溶剂未挥发前，再用另一块干净小布将溶剂擦拭干净。用过的棉布不能重复使用，应及时更换。

2）不能用小布到容器内去蘸溶剂，以防小布污染溶剂。

3）清洁后10～15min内进行注胶，超过时间应重新清洁才能注胶。

4）清洁时应严格遵守所用溶剂标签上的注意事项。

5）清洁后，已清洁的部分决不允许再与手或其他污染源接触，否则要重新清洁，特别是在搬运、移动和粘贴双面胶条时一定注意。同时，清洁后的基材要求必须在15～30min内进行注胶，否则要进行第二次清洁。

8.3.5 涂底漆、定位

1. 涂底漆

根据粘接性试验报告的结果决定是否涂底漆。如果需要涂底漆，应符合试验报告确定的底漆种类及牌号。

2. 定位

将框架平放在活动式玻璃组件组装注胶架的定位夹具上，按图纸安放双面胶带和玻璃。注意玻璃镀膜面朝向应符合图纸要求。

（1）双面胶条的粘贴环境应保持清洁、无灰、无污，粘贴前应核对双面胶条的规格、厚度，双面胶条厚度一般要比注胶胶缝厚度大于 1mm，这是因为玻璃放上后，双面胶条要被压缩 10％ 。

（2）按设计图纸确认铝框尺寸形状后，按图纸要求在铝框上正确位置粘贴双面胶条，粘贴时，铝框的位置最好用专用的夹具固定。

（3）粘贴双面胶条时，应使胶条保持直线，用力按下胶条紧贴铝框，但手不可触及铝型材的粘胶面，在放上玻璃之前，不要撕掉胶条的隔离纸，以防止胶条的另一粘胶面被污染。

（4）按设计图纸确认铝框的尺寸形状与玻璃的尺寸无误后，将玻璃放到胶条上一次成功定位，不得来回移动玻璃，否则玻璃上的不干胶沾在玻璃上，将难以保证注胶后结构硅酮密封胶粘结牢固性，如果万一不干胶粘到已清洁的玻璃面上，应重新清洁。

（5）玻璃与铝框的定位误差应小于 1.0mm，安装玻璃时，注意玻璃镀膜面的位置是否按设计要求正确放置。

安放双面胶带时，如果结构胶尺寸及双面胶条尺寸之和没有占满整个框架，应用定位模具安放双面胶带，以保证结构胶的粘接宽度。

（6）玻璃固定好后，及时将玻璃铝框组件移至注胶间，并对其形状尺寸进行最后校正，摆放时应保证玻璃面的平整，不得有玻璃弯曲现象。

（7）玻璃定位后形成的空腔宽度和厚度尺寸应符合设计图纸。注胶前应逐块检查净化和定位质量。常用结构玻璃板块粘结节点，如图 8-3 所示。

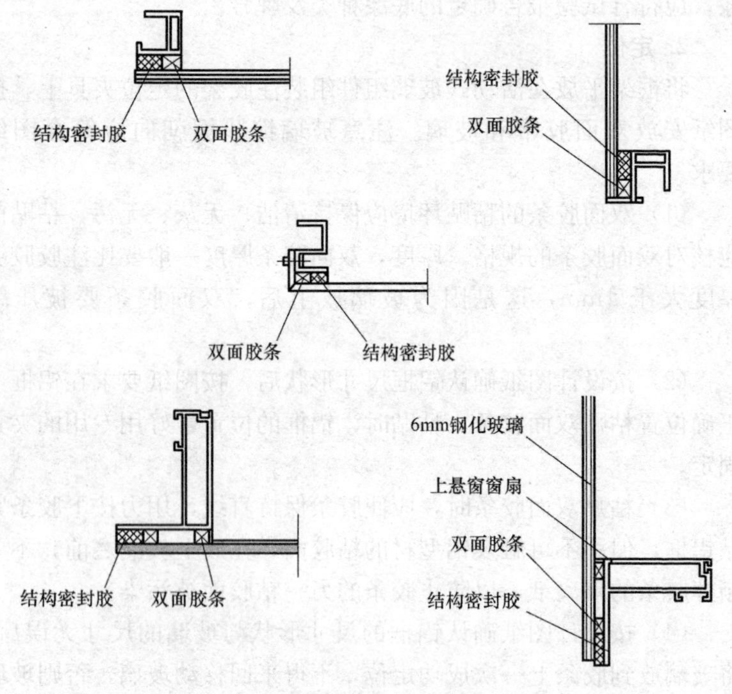

图 8-3　常用结构玻璃板块粘结节点

8.3.6　注胶

（1）用硅酮结构胶粘结固定构件时，注胶应在温度 15℃以上 30℃以下、相对湿度 50%以上且洁净通风的室内进行。胶的宽度、厚度应符合设计要求。

（2）贴保护胶带纸：将靠近注胶处左右范围的铝型材和玻璃表面用保护胶带纸保护起来。

（3）注胶前应严格查对结构胶的牌号、保质期和颜色。严禁使用过期胶和用错胶号。

（4）双组分结构胶应按产品说明书，进行基料和固化剂的配置、混合并搅拌均匀。

（5）按《建筑用硅酮结构密封胶》GB 16776 的规定作蝶式试验和拉断试验。试验合格后方可注胶。

1）双组分密封胶混合均匀性测定方法（蝶式试验）：沿长边将纸对折后展开，将从混胶机中取样的密封胶，沿对折处挤注长约 200mm，然后把纸叠合起来，挤压纸面使密封胶分散成半圆形薄层，然后把纸打开观察密封胶。

如果密封胶颜色均匀，则密封胶混合较好，可用于生产使用；如果密封胶颜色不均匀或有不同颜色的条纹，说明密封胶混合不均匀，不能使用。具体操作如图 8-4 所示。

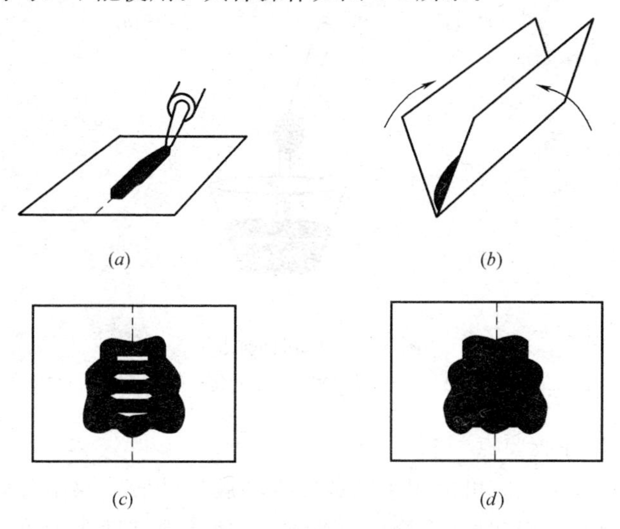

图 8-4　蝶式试验

（*a*）对折处挤注密封胶；（*b*）叠合挤压纸面；（*c*）未均匀混合（有白色条纹）；（*d*）均匀混合的密封胶

2）双组分密封胶拉断时间的测试：从混胶机挤取约 2/3～

3/4 纸杯（容量约 180mL）密封胶，将木棒插入纸杯中心（图 8-5a），定期从纸杯中提起木棒。

从纸杯中提起木棍并抽拉密封胶时，如果提起的密封胶呈线状（图 8-5b），不发生断裂，表明密封胶未达到拉断时间，应继续测试直到密封胶被拉扯断（图 8-5c）。记录纸杯注入密封胶到拉断的时间，即为密封胶的拉断时间。

图 8-5　拉断时间试验

（*a*）混合的密封胶；（*b*）提拉密封胶至固化；（*c*）密封胶被拉断

（6）注胶要点

1）单组分胶可使用手动或气动注胶枪注胶，双组分胶用注胶机注胶。注胶时，胶枪与胶缝成 45°角并保持适当速度，以保证胶体注满空腔，并溢出表面 2～3mm，使空腔内空气排走，防止产生空穴。用压缩空气注胶时，要防止胶缝内残留气泡，注胶速度应均匀，不应忽快忽慢，确保胶缝饱满、密实。在玻璃板块制作中，应按随机抽样原则，每 100 件制作两个剥离试样，每超过100件其尾数加做一个试样，用来检验结构胶与被粘接物的粘接强度。剥离试样为一块200mm×300mm的玻璃和一根300mm长的铝型材作基片，基片应与工程实际使用的材料相同。用与工程实际使用相同的溶剂和工艺清洁基片表面。用工程实际使用的结构胶在已洁净、干燥的基片表面（玻璃表面和型材表面）各挤注一条200mm×10mm×10mm的胶体，然后放置养护室固化。

2）检验：检验员对注胶过程进行检验，并编号、记录、归档。

3）刮平：整个板块注胶结束，应在胶表面未固化前，立即用括刀将胶缝压实，刮平。达到胶缝平滑，缝宽整齐一致，厚度、宽度允许偏差符合设计和相关规范的规定。

4）标记：每件玻璃板块均应贴上标牌，清洁和注胶人员均应在标牌上记录自己的工号，并作好生产纪录。

8.3.7 清洗污渍与板块养护

1. 清洗污渍

玻璃板块注胶后，组件表面如沾上污渍可用丙酮或二甲苯清洗，注意不能接触胶缝，然后撕去保护胶带。

2. 静置与养护

（1）注完胶的玻璃组件应及时静置，静置养护场地要求：温度为10～30℃，相对湿度为65%～75%、无油污、无大量灰尘，否则会影响其固化效果。

（2）双组分结构胶静置3～5d后，单组分结构胶静置7d后才能运输，所以要准备足够面积的静置场地。

（3）玻璃组件的静置可采用架子或地面叠放，当大批量制作时以叠放为多，叠放时应符合下列要求：

玻璃面积＜$2m^2$每垛堆放不得超过8块；玻璃面积＞$2m^2$每垛堆放不得超过6块。如为中空玻璃则数量减半，特殊情况需另行处理。

（4）叠放时每块之间需均匀放置四个等边立方体垫块，垫块可采用泡沫塑料或其他弹性材料，其尺寸偏差不得大于0.5mm，以免使玻璃不平而压碎。

(5) 未完全固化的玻璃组件不能搬运，以免粘结力下降；完全固化后，玻璃组件可装箱运至安装现场，但还需要在安装现场放置10d左右，使总的养护期达到14～21d，达到结构密封胶的粘结强度后方可安装上墙。

(6) 注胶后的成品玻璃组件应抽样作切胶检验，以进行检验粘接牢固性的剥离试验和判断固化程度的切开试验；切胶检验应在养护4d后至耐候密封胶打胶前进行，抽样方法如下：100樘以内抽两件；超过100樘加抽1件，每组胶抽查不得少于3件。

(7) 按以上抽样方法抽检，如剥离试验和切开试验有一件不合格，则加倍抽检，如仍有一件不合格，则此批产品视为不合格，不得出厂安装使用。

(8) 注胶后的成品玻璃组件可采用剥离试验结构密封胶的粘结牢固性。试验时先将玻璃和双面胶条从铝框上拆除，拆除时最好使玻璃和铝框上各粘拉一段密封胶，检验时分别用刀在密封胶中间导切开50mm，再用手拉住胶条的切口向后撕扯，如果沿胶体中撕开则为合格，反之，如果在玻璃或铝材表面剥离，而胶体未破坏则说明结构密封胶粘结力不足或玻璃、铝材镀膜层不合格，成品玻璃组件不合格。

(9) 切开试验可与剥离试验同时进行，切开密封胶的同时注意观察切口胶体表面，表面如果闪闪发光，非常平滑，说明胶未固化，反之，表面平整、颜色发暗，则说明已完全固化，可以搬运安装施工。

8.3.8 结构密封胶粘接性测试

1. 手拉试验（成品破坏法）

本方法适用于装配现场测试结构密封胶粘接性的检查，用于发现工地应用中的问题，如基材不清洁、使用不合适的底涂、底涂用法不当、不正确的接缝装配、胶结缝设计不合理以及其他影响粘结性的问题。本方法在装配工作现场的结构密封胶完全固化后进行，完全固化通常需要 7～21d。

（1）沿接缝一边的宽度方向水平切割密封胶，直至接缝的基材面。

（2）在水平切口处沿胶与基材粘接接缝的两边垂直各切割约 75mm 长度。

（3）紧捏住密封胶 75mm 长的一端，以成 90°角拉扯剥离密封胶（图 8-6）。

如果基材的粘结力合格，密封胶应在拉扯过程中断裂或在剥离之前密封胶拉长到预定值。

如果基材的粘结力合格，可用新密封胶修补已被拉断的密封接缝。为获得好的粘接性，修补被测试部位应采用同原来相同密封胶和相同的施胶方法。应确保原胶面的清洁，修补的新胶应充分填满并与原胶结面紧密贴合。

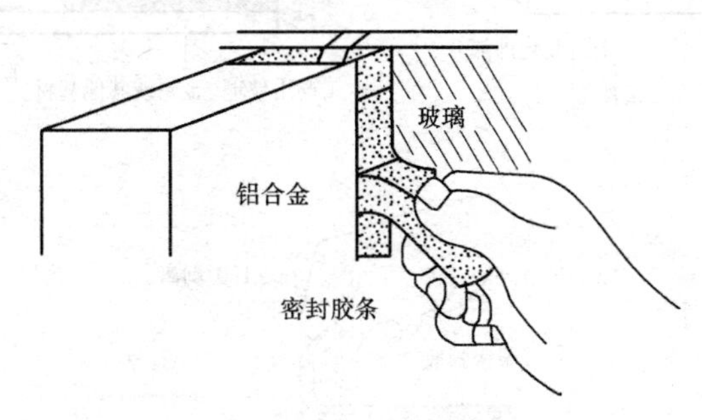

图 8-6　90°角拉扯密封胶

2. 手拉试验（非成品破坏法）

本方法是非破坏性测试。适用于在平面基材上进行的简单测试，可解决成品破坏法很难测试或不可能测试的结构胶接缝。在工程实际应用的一块基材上进行粘接性测试，表面处理相同干工程实际状态。

（1）按工程要求清洗粘结表面，如果需要可按规定步骤施底涂。

（2）基材（通常采用装配过程中的边角料）表面的一端粘贴防粘胶带。

（3）施涂适量的密封胶，约长 100mm，宽 50mm，厚 3mm，其中应至少 50mm 长密封胶覆盖在防粘带上。

（4）修整密封胶，确保密封胶与粘接表面完全贴合。

（5）在完全固化后（7～21d），从防粘带处揭起密封胶，以 90°角用力拉扯密封胶。

如果密封胶与基材剥离之前就内聚破坏，则基材的粘结力合格，如图 8-7 所示。

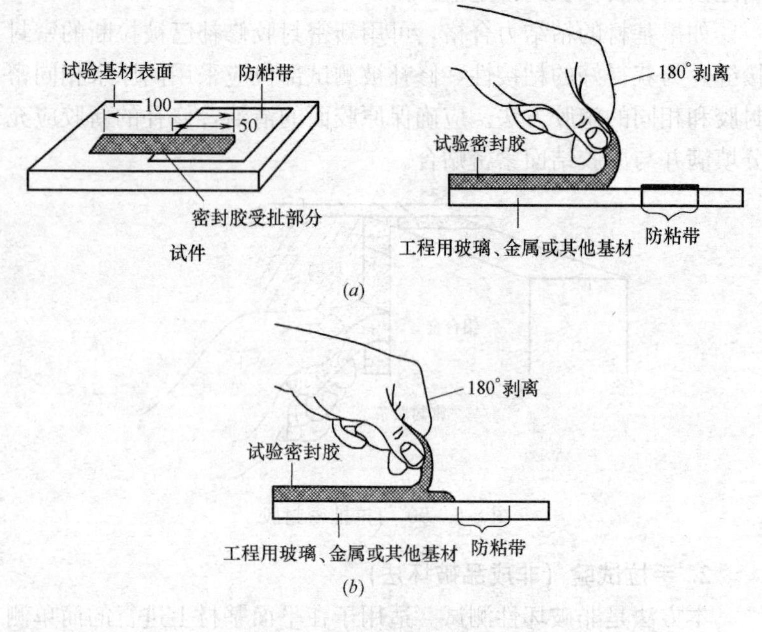

图 8-7　非破坏手拉剥离试验

（*a*）粘结破坏；（*b*）内聚破坏

3. 浸水后手拉试验

当非成品破坏法测试后若没有粘接破坏，可再使用本方法增加浸水步骤进行手拉试验。

（1）把已通过“手拉试验（非成品破坏法）”测试的试件浸入室温水中。

（2）将试件浸水1～7d。具体时间由指定的专业人员决定。

（3）浸水至规定时间后，取出试件擦干，揭起密封胶的一端并以90°角用力拉扯密封胶。

密封胶在基材剥离前就已产生内聚破坏，表明基材粘结力合格，如图8-7所示。

4. 表干时间的现场测定

本方法适用于检验工程中密封胶的表干时间。表干时间的任何较大变化（如时间过长）都可能表示密封胶超过贮存期或贮存条件不当。

在塑料片上涂施2mm厚的密封胶（从混胶注胶设备中挤出的材料）。每隔几分钟，用工具轻轻地接触密封胶表面。

当密封胶表面不再粘工具时，表明密封胶已经表干，记录开始时至表干发生时的时间。

5. 单组分密封胶回弹特征的测试

本方法适用于检验密封胶的固化和回弹性。测试表干时间正常的密封胶按本方法测试。

（1）在塑料片上施涂2mm厚的密封胶，放置固化24h。

（2）从塑料薄片上剥离密封胶。

（3）慢慢地拉伸密封胶，判断密封胶是否已固化并具有弹性橡胶体特征。在被拉伸到断裂点之前撤销拉伸外力时，弹性橡胶的回弹应能基本上恢复到它原来的长度。

如果密封胶能拉长且回弹，说明已发生固化；如果不能拉长或者拉伸断裂无回弹，表明该密封胶不能使用。

8.3.9 贮存

（1）检查合格的玻璃板块应放在通风、干燥的地方，严禁与酸、碱、盐类物质接触并防止雨水浸入。

（2）板块应按品种、规格分类搁置在安放架或垫木上。垫木高 100mm 以上，不允许直接接触地面。

8.4 单元式幕墙组件制作

8.4.1 一般规定

（1）单元板块的构件连接应牢固，构件连接处的缝隙应采用硅酮建筑密封胶密封。

（2）单元板块的吊挂件、支承件应具备可调整范围。采用钢挂件时其主要受力部位的有效厚度不应小于 6mm；采用铝合金挂件时其主要受力部位的有效厚度不应小于 8mm，并应采用不锈钢螺栓将吊挂件与立柱固定牢固，固定螺栓不得少于 2 个。

（3）明框单元板块在搬运、运输、吊装过程中，应采取措施防止玻璃滑动或变形。

明框单元板块中玻璃是靠压条固定的，而且玻璃与槽口要按规定保留间隙，因此在搬运、吊装过程中应采取措施防止玻璃滑动或变形。

（4）单元板块组装完成后，工艺孔宜封堵，通气孔及排水孔应畅通。

（5）单元式幕墙的面板应有可更换措施。

（6）采用自攻螺钉连接单元组件主要受力框时，每处螺钉不应少于 3 个，螺钉直径不应小于 4.5mm，拧入深度不应小于 25mm。螺钉孔内径和扭矩要求应符合表 8-5 的规定。

螺钉孔内径和扭矩要求　　表 8-5

螺钉公称直径（mm）	孔径（mm）		扭矩（N·m）
	最小	最大	
4.8	4.0	4.1	6.3
5.5	4.7	4.8	10.0
6.3	5.4	5.5	13.6

（7）单元主框架和单板副框架组件装配尺寸允许偏差应符合表 8-6 的要求。

单元框架组件装配尺寸允许偏差（mm）　　表 8-6

项目	尺寸范围	允许偏差	检测方法
框架长、宽尺寸	≤2000	±1.5	钢卷尺
	＞2000	±2.0	
分格长、宽尺寸	≤2000	±1.5	钢直尺
	＞2000	±2.0	
对角线长度差	≤2000	≤2.5	钢直尺
	＞2000	≤3.5	
同一平面高低差	—	≤0.5	深度尺
装配间隙	—	≤0.5	塞尺

注：本表摘自现行国家标准《建筑幕墙》GB/T 21086—2007。

（8）密封胶条的装配要求

1）对接型单元部件四周的密封胶条应周圈形成闭合，且在四个角部应连接成一体。

2）插接型单元部件的密封胶条在两端头应留有防止胶条回缩的适当余量。

（9）单元部件和单板组件的装配要求

单元部件和单板组件装配尺寸允许偏差应符合表 8-7 的要求。

单元部件和单板组件装配尺寸允许偏差（mm）　　表 8-7

项目	尺寸范围	允许偏差	检测方法
部件（组件）长度、宽度尺寸	≤2000	±1.5	钢直尺
	＞2000	±2.0	
部件（组件）对角线长度差	≤2000	≤2.5	钢直尺
	＞2000	≤3.5	
结构胶胶缝宽度	—	+1.0 0	卡尺或钢直尺
结构胶胶缝厚度	—	+0.5 0	卡尺或钢直尺

续表

项目	尺寸范围	允许偏差	检测方法
部件内单板间接缝宽度(与设计值比)	—	±1.0	卡尺或钢直尺
相邻两单板接缝面板高低差	—	≤1.0	深度尺
单元安装连接件水平、垂直方向装配位置	—	±1.0	钢直尺或钢卷尺

注：本表摘自现行国家标准《建筑幕墙》GB/T 21086—2007。

（10）在单元组件上有门或窗时，其加工应符合现行国家标准《铝合金门窗》GB/T 8478的规定。

8.4.2 施工准备

（1）单元板块的组装应有满足生产要求的生产流水线。流水线包括可供工件滚动式推进的工件台架，简易吊运机构，组装定位型架和必要的气源、电源等。

（2）应有便于查找各种铝型材、密封胶条和紧固件等的零件存放台架。

（3）根据设计图纸和零组件标识有序地挑选组成板块的铝型材，经复查尺寸合格后取用。

（4）根据设计图纸和附件清单有序地挑选组装成板块所需的附件，如各种螺栓、螺钉和密封胶条等零附件。

（5）检验：按设计图纸检查另组件数量、品种、规格与其标识是否相符；检查附件数量、品种、规格和质量，必要时查看附件质量合格证明书；表面处理情况应符合《建筑幕墙》JG 3035的要求（或合同要求）。

（6）单元式幕墙在加工前应对板块进行编号，并应注明加工、运输、安装方向和顺序。

由于单元式幕墙板块在主体结构上的安装方式特殊，通常都采用插接方式，安装后不容易更换，所以必须在加工前对各板块编号。根据单元式幕墙对安装次序要求严格的特点，宜将主体工程和幕墙工程作为一个系统工程考虑，对整个建筑工程施工机具设置的地点和时间，要进行总平面布置。

单元式幕墙组装时，为了减少运输工作量，往往要在工程所在地组装，还有一些元（部）件为外购件，要由供货厂商供货，这样单元组件的元（部）件的配送管理就显得十分重要。因为单元组件要按吊装顺序的要求组装，这样一个（一批）单元组件所需全部元、部件要全部送到组装厂后才能完成组装，并依照安装顺序的要求送往工地吊装、施工。

（7）玻璃、各种形式的铝板、石材和不锈钢板等均属于幕墙的覆面材料。

（8）凡结构板块制作人员均应经过专业培训，必须考核合格，方能操作。

（9）所有覆面材料，均须符合国家相关规范的规定并应有出厂合格证；结构胶必须有与所有接触材料的粘结力及相容性检验合格报告，并应有物理耐用年限和质量保证书。结构胶必须有出厂日期、批号，不得使用过期胶。

（10）玻璃、铝板、石材及不锈钢等覆面材料按设计图纸或合同要求检查其尺寸、规格及外观质量。

（11）注胶机、各类仪表必须完好。胶枪擦拭干净。混合器、压胶棒等各部件处于良好工作状态。应定期检查混合器内筒的内孔与芯棒之间的配合间隙是否在0.2mm之内，每日工作完毕后，应将未用完的胶注回原桶，以保持胶路畅通。

8.4.3 框架组装

（1）对于组装成形后不便进行穿插密封胶条施工的零组件应首先将密封胶条穿插到零组件上。

（2）经检查后按设计图纸将立柱、横梁组装成框。

（3）横梁可通过连接件、螺钉或螺栓与立柱连接，连接件应能承受横梁的剪力和扭矩，其厚度不宜小于3mm，连接件与立柱之间的连接螺钉或螺栓应满足抗剪和抗扭承载力的要求。

（4）所有连接用不锈钢螺钉在安装时应带胶装配。安装完毕后的外露钉头必须用密封胶全部覆盖，胶的厚度不小于2.5mm。

（5）立柱、横梁铝型材连接处缝隙应满注密封胶，注胶时不得堵塞排水通道。

（6）按图纸检查首件框架尺寸偏差。首件合格后方可批量制作。

（7）检验注胶部位的注胶质量是否合格。

8.4.4 定位、安装覆面材料

（1）将框架置于工作平台的定位夹具上，按设计图纸将覆面材料平放入（或斜插入）已组装好的框架中。

（2）明框幕墙组件的导气孔及排水孔设置应符合设计要求，组装时应保证导气孔及排水孔通畅。

（3）明框幕墙组件应拼装严密。设计要求密封时，应采用硅酮建筑密封胶密封。

（4）应采取措施控制玻璃与铝合金框料之间的间隙，玻璃与构件的配合尺寸应符合设计及规范的要求。

（5）玻璃的下边缘应采用两块压模成型的硬橡胶垫块支承，垫块的宽度与槽口宽度应相同，长度不应小于100mm，厚度不应小于5mm。

（6）橡胶条镶嵌应平整、密实，橡胶条长度宜比边框内槽口长1.5%～2.0%，其断口应留在四角；拼角处应粘结牢固。

（7）不得采用自攻螺钉固定承受水平荷载的玻璃压条。压条的固定方式、固定点数量应符合设计要求。

（8）隐框幕墙组件的安装应符合下列规定：

1）隐框幕墙组装时，应采用分中定位的方法，保证胶缝的宽度基本一致，不得将公差集中到一边。

2）板块组件应安装牢固，固定点距离应符合设计要求，且不大于300mm，不得采用自攻螺钉固定玻璃板块。

3）隐框玻璃板块下部应设置支承玻璃的托板，厚度不应小于2mm。

4）隐框玻璃板块在安装后，相邻两玻璃之间的接缝高低差不应大于1mm。

5）隐框玻璃幕墙的胶缝质量，应横平竖直，缝宽均匀，填嵌密实、均匀、光滑、无气泡。

6）按设计图纸的要求固定覆面材料。如用胶条固定，应注意嵌入胶条时不得损坏玻璃等覆面材料；如用结构胶粘接，安装双面胶带时，如果结构胶尺寸及双面胶带尺寸之和没有占满整个框架，应用定位模具安放双面胶带，以保证结构胶的粘结宽度；如用注胶固定，则应首先用小橡胶块固定后再行注胶，注胶参见上述“隐框、半隐框玻璃幕墙组件的制作”中相关的内容。

（9）安装石材前则应在镶嵌缝隙内注胶。

8.4.5 开启窗组装与安装

开启扇是幕墙外立面的重要部位，在恶劣天气或长时间开启使用的情况下，容易发生坠落，所以对幕墙开启扇的加工及安装要做特别要求。

（1）幕墙开启窗应在工厂加工完成，不得在现场进行加工。

（2）采用带挂钩的开启扇，应设置防滑块。

（3）采用铰链传动的开启扇，扇和框之间的间隙允许偏差为±0.5mm。

（4）装配五金件的孔应攻丝，丝孔应符合设计要求。加工应在车间完成，不应现场加工。

（5）开启窗安装附件处的型材壁厚小于螺钉的公称直径时，扇框内壁宜加衬板，螺钉应有防松脱措施。

（6）开启窗四周的橡胶条应采用穿条式，不应为压入式。橡胶条的材质、型号应符合设计要求，其长度宜比边框内槽口长1.5%～2%。橡胶条转角和接头部位应采用粘结剂粘结牢固，镶嵌平整。

（7）开启窗的框、扇，宜采用挤角方式组装。

（8）开启窗组件加工尺寸允许偏差应符合表8-8的规定。

开启窗组件加工尺寸允许偏差（mm）　表 8-8

序号	项目		允许偏差
1	框、扇型材长度		±0.5
2	框、扇组件长度		±2.5
3	框、扇接缝高低差		≤0.5
4	对角线差	长边≤2000时 长边＞2000时	≤2.5 ≤3.5
5	框、扇组装间隙		≤0.5
6	硅酮结构密封胶宽度		+2.0 0
7	硅酮结构密封胶厚度		+0.5 0
8	组件平面度		≤3.0

（9）将组装完毕并经检验合格后的开启窗扇安装在框架上，注意开启窗密封胶条的安装。

8.4.6 其他

（1）安装装饰外罩板。

（2）清洁全部组装完毕的板块，擦拭玻璃等覆面材料。

（3）在容易看到的部位粘贴产品标识。

（4）出具产品合格证。

（5）如覆面材料的安装为采用结构胶注胶粘结，则需进行板块养护。

参 考 文 献

［1］ 第五版编委会. 建筑施工手册. 第 5 版. 北京：中国建筑工业出版社，2011.

［2］ 第四版编写组. 建筑施工手册. 第 4 版. 北京：中国建筑工业出版社，2003.

［3］ 中国建筑工程总公司. 建筑装饰装修工程施工工艺标准. 第 1 版. 北京：中国建筑工业出版 社，2003.

［4］ 周海涛. 装饰工实用便查手册. 北京：中国电力出版社，2010.

［5］ 杨嗣信主编. 高层建筑施工手册（第二版）. 北京：中国建筑工业出版社，2001.

［6］ 陈建东主编. 金属与石材幕墙工程技术规范应用手册. 北京：中国建筑工业出版社，2001.

［7］ 陈世霖主编. 当代建筑装修构造施工手册. 北京：中国建筑工业出版社，1999.

［8］ 雍本等编写. 建筑工程设计施工详细图集“装饰工程（3）”. 北京：中国建筑工业出版社，2001.

［9］ 陈明秋 主编. 机械制图. 武汉：武汉理工大学出版社，2009.